호모 심비우스: 이기적 인간은 살아남을 수 있는가?

다윈의 대답

호모 심비우스: 이기적 인간은 살아남을 수 있는가?

최재천 지음

이음

차례

+

들어가며:
협력의 이유

진화에 관한 위대한 이론이 형성되던 19세기에 과학은 '인종'의 문제와 조우했다. 불행하게도 이 문제는 순수한 과학의 영역에서 정치의 영역으로 넘어갔다. 그 결과 이 문제가 제기한 모든 것들이 그 시대의 열정과 편견에서 자유로울 수 없었다. […] 이 시점에서 문화적인 환경이 만들어낸 것을 제외하면 인종 사이에 지적인, 혹은 기질적인 차이가 있다는 것을 증명할 방도는 없다. 훗날, 더 정확한 실험과 진전된 연구의 결과 '인종' 사이에 능력과 적성의 차이가 있다는 것이 증명된다고 하더라도 '인종'에 관한 유네스코의 도덕적 입장은 변하지 않을 것이다.

—어니스트 비글홀, 뉴질랜드/후안 코마스, 멕시코/코스타 핀토, 브라질/프랭클린 프레이저, 미국/모리스 긴즈버그, 영국/후마윤 카비르, 인도/클로드 레비스트로스, 프랑스/애슐리 몬터규, 미국(1950)[1]

인간의 지적 능력에 유전적 요인들이 얼마만큼 영향을 미치는가 하는 문제도 머지않아 밝혀질 것이다. 정신분열증과 자폐증의 핵심적 병인은 대개 중요한 뇌세포들이 서로 적절하게 연결되지 못한 데서 빚어진 학습장애이다. 어떤 유전자의 기능이 망가져서 그런 처참한 발달

---

[1] Ernest Beaglehole, *et al.*, 'The Race Question', UNESCO, 1950.

장애가 발생하는지 알 수 있다면, 어떤 유전자 서열 차이 때문에 개인들의 IQ가 확연하게 차이 나는지도 알 수 있을지 모른다. 직관적으로 볼 때 지리적으로 떨어져 진화해온 인종들이 똑같은 지적 능력을 키웠으리라고 믿을 확실한 근거는 없다. 지성이 인류 보편의 유산이어서 모든 사람들이 동일한 수준의 이성적 능력을 지녔으면 하고 우리가 아무리 간절하게 바라도, 현실이 희망대로 만들어지지는 않는 법이다. 인간을 바라보는 시각을 바꿔놓을지도 모르는 엄연한 사실들을 애써 직시하지 않으려는 사람도 많다. 개인의 유전자 조성을 너무 가까이 들여다보면 해롭다고 생각하는 사람들이다. 물론 그들로서는 선의의 관점을 취하려는 것이겠지만 말이다. 그래서 개인의 지능 차이를 유발하는 주요한 유전자들이 발견되기까지 몇 년이 걸리겠느냐는 질문을 데릭이 걱정스런 표정으로 던졌을 때, 나는 조금도 놀라지 않았다. 나는 봉투 뒷면에다가 '15년'이라고 썼다.

—제임스 듀이 왓슨(2007)[2]

제2차 세계대전이 끝나자마자 세계 각지의 인류학자, 심리학자, 생물학자들이 급히 모여 '인종'에 대한 논의를 했다. 인종

---

2 James D. Watson, *Avoid Boring People*, New York: Knopf, 2007. [김명남 옮김, 『지루한 사람과 어울리지 마라』, 이레, 2009.]

문제와 관련해서 전쟁 중에 벌어진 불의와 비극을 잊지 말아야 한다는 공감대가 형성되고 있었다. 인종 문제는 수백만 명의 목숨을 앗아갔고 끊이지 않는 분쟁을 야기했다. 인종주의를 사회적 악으로 규정하고 그것과의 싸움을 선포한 유네스코는 학자들과 함께 인간의 존엄성, 평등, 그리고 상호협력에 기반한 민주주의의 원칙을 천명했다. 그리고 진화와 관련된 과학이 발전시켰던 인간 간의 혹은 인종 간의 차이에 대한 강조와 그 차이에 바탕을 둔 치열한 경쟁과 투쟁 때문에 발생한 비극에 대해 겸허히 반성했다. 심지어 훗날 인종 간의 능력과 성향의 차이가 과학적으로 증명된다고 하더라도, 그 차이가 자신들의 믿음에 영향을 줄 수 없다는 결의를 보였다. 경쟁의 과학적 근거를 제시한 것으로 해석되었던 다윈의 이론이 재해석되었다. 다윈의 이론이 갖는 의미는 경쟁이 아니라 모든 인류가 한 종이라는 것을 밝힌 것이다.

이 믿음은 아직까지도 유효하다. 하지만 프랜시스 크릭과 함께 DNA 이중나선 구조를 규명해서 생물학 연구의 새 장을 열었던 제임스 왓슨은 곧 인종 간의 차이에 관한 과학적 근거를 찾을 수 있을 것이라 예언했다. 심지어 영국『선데이타임스』와의 인터뷰에서 그는 흑인을 고용해본 사람이라면 자신의 말이 어떤 뜻인지 알 것이라고 했다. 그리고 그 파장으로 수십 년간 재직하던 콜드스프링하버 연구소 소장 자리에서 물러나야 했다. 아직은 사회가 '인종'과 관련된 말이나 행동에 대해서 민감하다는 증거이지만, 그 민감함은 점점 둔해지고 있다.

왓슨이 아니더라도 비슷한 생각을 하거나 발언을 하는 과학자들을 발견하는 것은 어려운 일이 아니다. 조금 더 나아가 과학적 근거가 바뀌었다면 도덕적 입장을 바꿀 수도 있다는 생각도 드문 것이 아니다.

흥미로운 과학적 연구의 결과로 연일 특정한 질병이나 형질을 지정하는 유전자를 발견했다는 소식들이 꼬리를 문다. 현재까지 비만 유전자로 지목된 것들 중 굵직한 것들만 꼽아도 여럿이 된다. 동남아시아 긴팔원숭이 이외에는 모든 영장류에서 발견되는 비만 유전자 '아시프'도 있고, 경북대 연구팀이 발견한 비만과 고지혈증, 지방간의 발병에 결정적인 작용을 하는 'IDPc'라는 유전자도 있다. 지능과 관련된다는 유전자의 수는 훨씬 더 많다. 비만보다 지능이 훨씬 복잡하다는 뜻이다. 추상적인 마음이나 특정한 생각들을 지정하는 유전자까지 거론된다. 이런 유전자들의 유행에 대한 우려 때문에 보건복지부는 2007년 호기심 유전자(DRD4), 우울증 유전자(5-HTT), 비만 유전자(렙틴) 등에 대한 검사를 금지했다. 아울러 지능, 체력, 알코올 분해, 장수, 천식, 폭력성, 폐암, 고지혈증, 고혈압, 골다공증, 당뇨병 유전자의 검사도 그 결과의 불확실성을 근거로 금지했다. 이렇게 차이를 강조하는 연구들이 늘어나는 추세와 관련해서 걱정스러운 것은, 이 상황이 우생학이 강조되고 나치의 이데올로기가 만들어지던 시기와 유사하기 때문이다. 이제 유전자에 대한 상세한 지식이 더해진 다윈의 이론은 다시 차이와 경쟁을 강조하는 쪽으로 해석되어야 하는 것일까?

이 작은 책의 목적은 다윈의 이론을 역사적, 이론적으로 재검토하면서 '호모 심비우스*Homo symbious*'(공생인)의 모델을 제안하는 것이다. 먼저 생태학의 가장 근본적인 개념들인 경쟁, 포식, 기생, 그리고 공생을 살펴본다. 그리고 그 과정에서 생명체들이 서로 생존하는 데 이득이 되지 않거나 해를 끼치는 것처럼 보이는 경쟁, 포식, 기생도 크게 보면 생태계를 유지하도록 만드는 정교한 메커니즘이라는 사실을 깨달을 수 있을 것이다. 나아가 '호모 심비우스'가 되지 않고서는, 지구 위를 찰나의 순간 머물다 지나갈 인간이라는 종의 생존이 더 짧아질 수밖에 없다는 사실도 알 수 있을 것이다. 지금 유전자와 관련된 연구들의 유행으로 밝혀지고 있는 많은 사실들은 인류가 가진 지식의 총량을 늘리는 데 기여하고 있지만, 진화론과 생태학의 거시적 안목 없이는 이 지식들이 자칫 경쟁과 갈등을 조장할 수 있다는 사실에 유의해야 한다. 다윈의 이론은 인류가 서로 반목하고 적대하는 방향을 가리킨 적이 없다. 인류의 생존은 당장에 우수한 유전자를 확보하는 전쟁이 아니고 인간들 사이의 협력에 기초할 수밖에 없다는 것을 알았다면, 잘못된 해석을 극단적으로 밀고 가서 벌어진 대량학살이라는 인류의 역사에 씻을 수 없는 오점을 남기지도 않았을 것이다. '호모 심비우스'라는 새로운 인간형에 대한 깊은 탐구가 이루어져야 할 이유이다.

I

경쟁: 피할 수 없는 운명

다윈, 맬서스를 만나다

> 모든 종의 동물들은 자연히 그들의 생계수단(자원)에
> 비례하여 증식하며, 어느 종도 그 이상으로 증식할 수는
> 없다.
> ─애덤 스미스, 『국부론』(1776)

> 개체군은 아무런 제재가 없으면 기하급수적으로 증가하
> 지만, 식량은 산술급수적으로 증가할 뿐이다.
> ─토머스 맬서스, 『인구론』(1798)

다윈이 맬서스의 『인구론』을 읽은 것은 서양의 생태사상사에
서 가장 중요한 사건으로 꼽힌다.[3] 다윈은 비글호 항해를 마
치고 돌아온 지 2년이 되던 1838년 10월 어느 날 머리를 식
힐 참으로 『인구론』을 읽었다고 한다. 다윈이 과연 심심풀이
차원에서 『인구론』을 읽었을까에 관해서는 학자들의 의견이
엇갈린다.[4] 그때는 비글호 항해에서 돌아와 본격적으로 그의

---

3 Donald Worster, *Nature's Economy: A History of Ecological Ideas*,
　Cambridge: Cambridge University Press, 1994(초판 1977) [강헌, 문순
　홍 옮김. 『생태학, 그 열림과 닫힘의 역사』, 아카넷, 2002] 참조.
4 앞의 책.

이론을 정리하기 시작한 지 불과 1년 반밖에 되지 않은 시점이고, 『인구론』이 당시 기준으로도 전혀 흥미로운 읽을거리가 아닌 점으로 미뤄볼 때, 다윈은 사실 뚜렷한 목적을 가지고 『인구론』을 읽은 것으로 보인다.

어찌 됐던 결과는 뜻밖이었다. 다윈은 그동안 늘 생각해 오던 자신의 이론이 어떻게 실제로 나타날 수 있는지 명확하게 알게 되었다. 왜 바람직한 변이는 보존되고 그렇지 못한 변이는 사라지는가, 또 그 결과로 인해 어떻게 새로운 종이 형성되는가에 대한 마지막 수수께끼가 풀리는 순간이었다. 실제로 다윈은 너무나 흥분한 나머지 자칫 편견에 빠질까 봐, 한동안 이 새로운 발견에 대해 그야말로 아무것도 적어두지 않았다고 회고한다. 그로부터 거의 4년 뒤인 1842년 6월에야 연필로 35쪽에 걸친 요약문을 작성한다. 또 그로부터 2년이 지난 1844년 여름, 드디어 다윈은 이를 230쪽의 논문으로 기술한다.[5]

맬서스는 18세기 영국의 도시 빈민들의 삶에 대해 연구했다. 그는 자연계의 거의 모든 생물들에게서 살아남을 수 있는 수보다 훨씬 많은 개체들이 태어난다는 점에 주목했다. 이들은 대개 번식기를 맞기 전에 죽는다. 그렇지 않다면 이 세상

---

5 Nora Barlow (ed.), *The Autobiography of Charles Darwin*, New York: W. W. Norton & Company, 1969(초판 1958) [이한음 옮김, 『나의 삶은 서서히 진화해왔다: 찰스 다윈 자서전』, 갈라파고스, 2003] 참조.

은 순식간에 엄청난 수의 생물들로 완전히 뒤덮일 것이다. 따라서 성장에 어떤 한계나 제약이 가해지지 않는다면 개체군은 곧 생존에 필요한 자원의 양을 초과한다.[6] 성장을 조절하는 한계 또는 제약이 바로 먹이를 비롯한 각종 자원을 둘러싼 끊임없는 투쟁, 즉 경쟁이다. 그래서 그는 빈민들을 위한 원조는 더 많은 자식을 낳도록 부추겨, 그들의 생활 여건을 더욱 비참하게 만들 것이라고 경고했다.[7]

모든 생물은 다 자원을 필요로 한다. 그런데 자원의 공급이 한정되어 있기 때문에, 한 개체의 자원 소비는 궁극적으로 다른 개체들의 자원 확보를 저해하게 되어 있다. 따라서 생명체는 다른 생명체들과 종종 자원을 놓고 경쟁할 수밖에 없다. "자원을 찾아내고, 수확하고, 운반하고, 저장하고, 또 지키는 일은 생존경쟁의 필수과정이다."[8]

---

6 이 같은 견해는 맬서스 이전에도 지적된 바 있다. 예를 들면, 애덤 스미스도 『국부론』에서 빈민들의 번식률은 그들이 확보할 수 있는 자원, 즉 임금에 비례한다고 설명했다.

7 Thomas Malthus, *An Essay on the Principle of Population, as it Affects the Future Improvement of Society with Remarks on the Speculations of Mr. Godwin*, M. Condorcet, and Other Writers, London: J. Johnson, 1798. [이서행 옮김, 『인구론』, 동서문화사, 2011.]

8 Paul A. Keddy, *Competition*, 2nd edn, Dordrechet, The Netherlands: Kluwer Academic Publishers, 2001.

상대가 비슷할수록 경쟁은 더 치열하다

한정된 자원을 놓고 경쟁하는 상태에서, 개체들의 경쟁 상대는 대개 같은 종에 속하는 개체들이다. 세계화 시대이고 인터넷 시대라서 경쟁의 대상이 전 세계적으로 넓어진 것은 사실이지만, 한반도에서 태어난 사람들의 일차적인 경쟁 상대는 우선 대한민국 사람들이다. 자연계에도 하나의 종 안에서 일어나는 '종내경쟁intraspecific competition'과 다른 종들 사이에 벌어지는 '종간경쟁interspecific competition'이 있다. 같은 종에 속해 있는 개체들이 필요로 하고 선호하는 자원은 대체로 동일하기 때문에, 일반적으로 종내경쟁이 종간경쟁보다 더 치열하리라고 쉽게 짐작할 수 있다. 자연계의 대부분의 개체군들이 지수함수적으로 J형의 지수 성장곡선exponential growth curve을 따르는 것이 아니라 S형의 로지스틱 성장곡선logistic growth curve을 보이는 까닭이 바로 종내경쟁 때문이다.

종내경쟁의 결과들은 개체군의 성장에 직접적인 영향을 주기 때문에, 그에 관한 연구는 대개 생태학의 분과들 중 개체군 생태학population ecology에서 다룬다. 그런가 하면 이른바 군집 생태학community ecology은 종간의 관계를 연구한다. 종간의 관계는 그들 간의 손익관계에 따라 네 부류로 나뉜다. 한쪽에는 이득이 되지만 상대에게는 손해가 되는 관계가 포식과 기생이

A

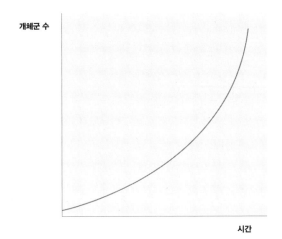

B

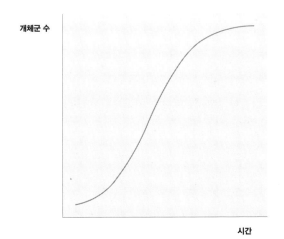

그림 l J형 지수 성장곡선(A)과 S형 로지스틱 성장곡선(B). 대다수의 생물 종의 개체군 성장이 S형 로지스틱 성장곡선의 형태를 띠는 이유는 종내경쟁 때문이다.

다. 반면 서로에게 이득이 되는 관계가 공생이고, 서로에게 기본적으로 손해가 되는 관계가 바로 경쟁이다. 이성을 지닌 동물이라면 당연히 경쟁을 피해야 하겠지만, 워낙 자원이 한정되어 있는 관계로 경쟁은 어쩔 수 없는 운명이다.

종간경쟁에 관한 실험을 최초로 수행한 생태학자는 케임브리지대학의 탠슬리A. G. Tansley (1871~1955) 교수로 알려져 있지만,[9] 그 메커니즘의 기본을 확립한 학자는 러시아의 생물학자 가우스G. F. Gause (1910~1986)였다. 그는 웬만한 사람이면 학창시절 생물학 시간에 한 번쯤은 본 적이 있을 짚신벌레*Paramecium*라는 원생동물을 연구했다. 그는 카우다툼 종*P. caudatum*과 아우렐리아 종*P. aurelia*이라는 두 종의 짚신벌레를 연구하고 있었는데, 각각 독립적으로 배양하면 개체군의 크기가 증가하며 전형적인 로지스틱 성장곡선을 그렸다. 그러나 두 종을 한 시험관 내에서 기르면 언제나 카우다툼 종은 멸종에 이르고 아우렐리아 종만 남는 것을 관찰했다.[10] 이 두 종의 짚신벌레는 같은 속屬으로 분류될 정도로 가까운 근연종이라 자원의 선호도가 지나치게 비슷하여 경쟁이 불가피했던 것이다. 이 실험 결과는 훗날 미국의 생태학자 하딘Garrett Hardin에 의해 '경쟁적 배제의 원리competitive exclusion principle'라고 명명되며 생태학의 중

---

9 Robert E. Ricklefs, *Ecology*, 3rd edn, New York: W. H. Freeman, 1990.

10 G. F. Gause, 'Ecology of populations', *The Quarterly Review of Biology* 7, 1932, pp. 27~46.

요한 기본 원리로 자리 잡는다.[11]

경쟁적 배제 현상이 실험실이 아닌 실제 자연환경에서도 일어난다는 것을 밝힌 연구들 중 가장 훌륭하다고 평가받는 것은 코넬Joseph Connell의 따개비 실험이었다. 그는 스코틀랜드 바닷가 조간대의 바위 위에 붙어사는 갈색따개비Chthamalus stellatus(이하 CS)와 회색따개비Balanus balanoides(이하 BB)를 연구했다. 코넬은 그들이 한 바위에 공존할 때에는 반드시 CS가 BB보다 위쪽에 분포한다는 사실을 관찰했다. 그리고 그는 실험을 통해 CS가 생리적인 이유 때문이 아니라 BB의 경쟁적 배제 때문에 언제나 위쪽에 분포하게 된다는 걸 입증했다. 그가 택한 실험방법은 이른바 제거실험removal experiment이었다. 그가 바위 아래 부분에서 BB를 제거하자 이내 CS가 그 부분까지 분포의 영역을 넓힌다는 걸 관찰한 것이다. 몸집이 더 큰 따개비인 BB는 CS를 경쟁적으로 몰아내지만, 종종 물이 차지 않아 건조해지는 바위 위쪽에서는 생존하지 못한다. 따라서 바위 위쪽에서 CS를 제거해도 BB는 그곳까지 영역을 넓히지 못한다. 상대적으로 경쟁력이 약한 종은 대부분의 시간 동안 물에 잠겨 있어 먹이가 훨씬 풍부한 지역에서는 더 경쟁력이 강한 종으로부터 경쟁적 배제를 당하지만, 우세한 종이 생리적으로 생존하기 어려운 지역에서는 그나마 명맥을 유지할 수 있다. 자연계에는

11 Garrett Hardin, 'The competitive exclusion principle', *Science* 131, 1960, pp. 1292~1297.

이런 식으로 자원을 분할하여 공존하는 종들이 허다하다.[12]

　나는 1980년대 초반 깃털진드기feather mite의 군집생태를 연구했다. 알래스카의 프리빌로프 제도Pribilof Islands에 서식하는 작은 갈매기인 세가락갈매기kittiwake와 바다오리murre의 날개 깃털에는 두 속에 속하는 세 종의 깃털진드기, 얼랍티스 (A.) 종Alloptes (A.) sp.(이하 AA)과 얼랍티스 (C.) 종Alloptes (C.) sp.(이하 AC), 그리고 래로나이서스 마르티니Laronyssus martini(이하 LM)가 붙어 산다. 바다오리 깃털에는 AC 혼자 사는데 비해, 세가락갈매기 깃털에는 AA와 LM이 공존한다. AA와 AC는 같은 속에 속해 있는 종들일 뿐 아니라, 크기나 모양 면에서 진드기 분류학자가 아니면 거의 분간하기 어려울 정도로 비슷하다. 분류학적으로는 두 종이 엄연히 다르지만, 생태학적으로는 서로 다른 지역에서 거의 동일한 역할을 하는 것과 다름없다. 따라서 세가락갈매기에서는 두 종이 경쟁하며 공존하는 상황을 관찰할 수 있고, 바다오리에서는 한 종이 제거됐을 때 미치는 영향을 관찰할 수 있는 셈이다. 코넬이 따개비 실험에서 어떤 특정 지역에 공존하는 두 종의 따개비 중 한 종을 직접 제거한 것과는 달리, 깃털진드기의 경우는 진화의 역사를 거치면서 그들 스스로 동일한 실험을 수행한 것이다. 나는 그저 운 좋게 그 결과를 관찰할 수 있었을 뿐이다.

12　Joseph H. Connell, 'The influence of interspecific competition and other factors on the distribution of the barnacle Chthamalus stellatus', *Ecology* 42, 1961, pp. 710~723.

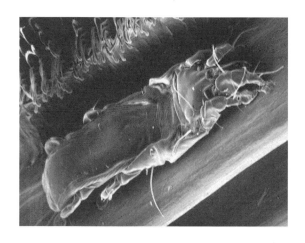

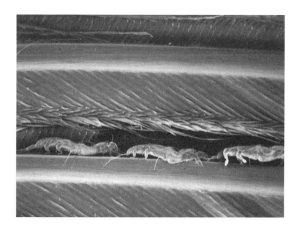

그림 2   세가락갈매기의 깃털 벽에 붙어 있는 진드기 얼랍티스 (A.)를 주사형
전자현미경으로 촬영한 모습.

나는 현미경 아래에서 날개 깃털마다, 그리고 각 깃털의 깃가지barb 하나하나를 일일이 들여다보며 진드기들의 분포를 조사했다. 이들은 모두 날개 깃털의 깃가지 벽면에 붙어산다. 새가 날 때면 풍속이 엄청날 테지만, 이 진드기들은 발끝에 흡착 빨판을 갖고 있어 좀처럼 바람에 날려 떨어지지 않는 것으로 보인다. 나는 새를 직접 바람터널 안에서 날려보면서 바람을 맞았을 때의 날개와 깃털의 각도를 재본 것은 아니지만, 새가 날 때 바람이 주로 정면에서 불어온다고 가정하고 진드기들의 분포가 바람의 방향이나 세기에 관련이 있는지 분석해보았다. 깃털진드기들은 깃가지의 양면 중 바람이 불어오는 방향과 반대편에 붙어산다. 잘못하여 맞바람이 치는 면에 붙어 있던 진드기들이 모두 떨어져나간 것이거나, 진화의 역사를 통해 진드기들이 바람의 영향이 적은 쪽 면에 선택적으로 분포하게 된 것이다.

진드기들은 종에 상관없이 모두 날개의 중앙 부위에 있는 깃털을 선호하는 것으로 나타났다. 그리고 각 깃털에서는 깃가지의 면이 가장 높은 깃털의 중간 부위를 역시 선호하는 것으로 드러났다. 하지만 두 종이 공존하는 세가락갈매기의 경우에는 가장 선호도가 높은 부위에서 LM이 AA를 경쟁적으로 배제하고 있었다. LM 없이 AC 혼자 서식하는 바다오리의 경우, AC가 바람직한 부위를 모두 점유하고 있었다. 코넬의 실험과 달리 실험자인 내가 직접 경쟁관계에 있는 한 종을 제거하지는 않았지만, 바다오리의 날개에서 진화의 역사 동안에

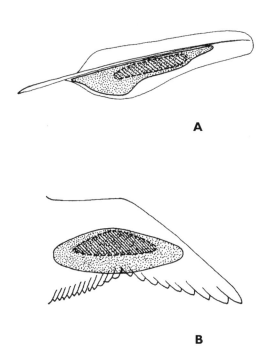

A

B

그림 3   세가락갈매기의 깃털(A)과 날개깃(B)에 깃털진드기가 분포하고 있는 모양.
래로나이서스 마르티니는 얼랍티스를 경쟁적으로 배제하고 깃털에서 선호하는
부위를 차지한다. (얼랍티스: 점 부분 / 래로나이서스 마르티니: 빗금 부분)

자연스럽게 한 종이 제거된 것과 마찬가지의 상황이 연출되어 있었던 것이다. AA와 근연종인 AC는 경쟁자가 없는 상황에서 선호하는 자원을 모두 활용하지만, LM이라는 더 막강한 경쟁자가 있는 상황에서 AA는 경쟁적으로 배제된 것이다.[13]

자연계의 생물군집에는 대개 많은 종들이 공존한다. 경쟁적으로 서로를 배제하기 마련인 생물 종들이 어떻게 한 서식지에서 공존할 수 있는가를 설명하기 위해 고안된 개념이 바로 니치niche 개념이다. 니치는 원래 작은 조각품이나 꽃병을 올려놓기 위해 벽면을 오목하게 파서 만든 장식 공간을 칭하는 말이었는데, 생태학에서는 한 생물이 환경 속에서 갖는 역할role, 기능function, 또는 위치 및 지위position를 의미한다. 니치란 생물은 누구나 환경 속에서 자기만의 독특한 공간, 즉 역할이나 지위를 차지하고 있다는 개념이다. 구태여 공간의 개념으로 설명하자면, 환경에서 생물이 차지하고 있는 다차원 공간을 뜻한다.[14]

---

13 Jae C. Choe and Ke Chung Kim, 'Microhabitat selection and coexistence in feather mites (Acari: Analgoidea) on Alaskan seabirds', *Oecologia* 79, 1989, pp. 10~14.

14 G. Evelyn Hutchinson, 'Homage to Santa Rosalia or why are there so many kinds of animals', *The American Naturalist* 93, 1959, pp. 145~159. 허친슨은 만일 우리가 온도에 따라 생물의 분포를 파악하면 1차원 니치를 말하는 것이고, 거기에 습도를 함께 고려하면 2차원 니치, 물의 유속까지 포함하면 3차원 니치를 생각할 수 있다고 설명했다. 그래서 개념적으로는 생물의 생활 조건 요소를 계속 추가하면 3차원을 넘어선 다차원 공간의 니치를 생각할 수 있는 것이다.

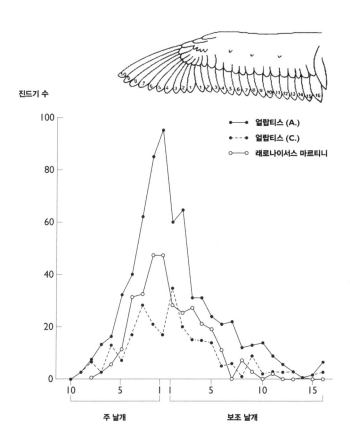

그림 4 깃털진드기가 바다오리와 세가락갈매기의 깃털(주 날개와 보조 날개)에 분포한 밀도.

지구의 생물들은 오랜 진화의 역사를 통해 서로 간의 유사성을 줄여 서로 다른 니치를 차지하며 공존할 수 있도록 변화해왔다. 그 결과가 오늘날 우리 앞에 파노라마처럼 펼쳐져 있는 이 엄청난 생물다양성이다.

경쟁의 형태

일찍이 줄리어스 시저는 이웃 종족 간의 경쟁은 대개 두 가지 형태를 취한다고 설명한 바 있다.[15] 하나는 자원의 점유를 위한 경쟁이고 다른 하나는 생존을 위한 경쟁인데, 이 두 형태는 곧바로 현대 생태학에서 분류하는 두 종류의 경쟁과 연결된다. 개체들 간의 경쟁에는 자원을 선점하여 상대보다 유리한 위치를 차지하기 위한 이른바 자원경쟁exploitation or resource competition이 있는가 하면, 보다 직접적인 대면경쟁interference or confrontational competition도 있다.[16] 이 같은 두 형태의 경쟁은 한 종 내에서와 종간에서 모두 벌어진다. 우리네 삶만 봐도 쉽게 알 수 있다. 인간 사회의 경제 활동은 대개 자원경쟁의 형태를 취하지만, 그 외의 적지 않은 사회 활동들은 다분히 대면경쟁의 양상으로 나타난다.

위협 행동 또는 직접적인 공격으로 나타나는 대면경쟁이 더 확연하게 눈에 띠긴 하지만, 실제로 자연계에서 벌어지는

15 Donald Worster, *Nature's Economy: A History of Ecological Ideas*, Cambridge: Cambridge University Press, 1994(초판 1977).

16 Thomas Park, 'Beetles, competition, and populations', *Science* 138, 1962, pp. 1369~1375.

경쟁의 대부분은 간접적인 자원경쟁이다. 코넬이 관찰한 따개비들은 대면경쟁의 좋은 예를 보여준다. 코넬은 몸집이 더 큰 BB가 이미 자리를 차지하고 있는 CS를 바위로부터 떼어내며 영역을 넓혀가는 것을 관찰했다. 그에 비하면 내가 연구한 깃털진드기들 간의 경쟁은 어떤 형태의 경쟁인지 간단히 판정하기 어렵다. 바람의 영향이 가장 적은 선호 지역을 놓고 직접적인 신체 접촉을 동반한 대면경쟁이 일어날 가능성은 다분히 있지만, 실험적으로 입증하지는 못한 상태이다. AA 진드기만 살고 있는 세가락갈매기를 발견하여 LM 진드기를 이주시키거나, 일단 LM 진드기를 모두 제거하고 일정 시간이 경과한 다음 다시 이주시키는 행동 실험이 필요하다.

개미들이 처음 왕국을 건설할 때처럼 경쟁이 치열한 순간도 그리 많지 않을 것이다. 개미는 워낙 성공한 동물이라 두 극지방, 만년설이 덮여 있는 산꼭대기, 그리고 물속을 제외하고는 이 지구 거의 모든 곳에 살고 있다. 복잡한 도시의 인도 위를 우리 인간과 함께 걷고 있고, 심지어 우리가 사는 집 안에도 들어와 함께 산다. 이처럼 거주 가능한 거의 모든 지역을 점유하고 있는 상황에서 신흥국가가 영토를 확보하기란 여간 어려운 일이 아니다. 어렵사리 건국에 성공하여 굴문을 열고 막상 바깥세상으로 나와보면, 남의 영토 한가운데이기 일쑤거나 주변에 신흥국가들이 우후죽순처럼 많아서 경쟁이 불가피하다.

이런 환경에서 개미들이 선택한 전략 중의 하나가 동맹이다. 여러 여왕이 한 살림을 차림으로써 보다 막강한 군대를 형성하여 천하를 평정하려는 전략이다. 여왕개미 한 마리가 일정 기간 동안 길러낼 수 있는 일개미의 수에는 한계가 있다. 따라서 여러 여왕이 한 곳에 알을 낳아 함께 기르면, 같은 시간 동안 훨씬 많은 일개미들을 길러낼 수 있다. 그래서 개미 사회에서는 이처럼 여러 여왕이 함께 나라를 세우는 현상이 심심찮게 발견된다.[17]

이름하여 '다여왕창시제pleometrosis'라는 이 독특한 현상은 지금까지 적어도 14개 속의 개미들에서 관찰되었다.[18] 신흥국가를 건설하는 여왕개미들은 모두 시간과의 싸움을 벌인다. 주변의 다른 신흥국가들보다 하루라도 먼저 충분한 수의 일개미를 길러내야 이길 수 있다. 일개미들은 무슨 까닭인지 일정 정도의 수가 확보될 때까지 굴문을 열지 않는다. 스스로 충분한 전력을 갖추기 전에는 섣불리 나서지 않겠다는 전략처럼 보인다. 이 최저 수준의 일개미 수는 종마다 서로 다르다. 만일

17 Bert Hölldobler and Edward O. Wilson, *Journey to the Ants*, Cambridge, Massachusetts: The Belknap Press of Harvard University Press, 1994 [이병훈 옮김, 『개미 세계 여행』, 범양사, 1996.]; 최재천, 『개미제국의 발견』, 사이언스북스, 1999.

18 Jae C. Choe and Dan L. Perlman, 'Social conflict and cooperation among founding queens in ants (Hymenoptera: Formicidae)', In: Jae C. Choe and Bernard J. Crespi (eds.), *The Evolution of Social Behavior in Insects and Arachnids*, Cambridge: Cambridge University Press, 1997.

20마리가 최저 수준이라고 가정하고 여왕개미가 한 번에 낳아 기를 수 있는 일개미의 수가 5마리라고 하면, 그 여왕은 네번의 번식기를 거쳐야 전쟁에 임할 수 있는 군대를 기를 수 있다. 반면에 네 마리의 여왕개미가 함께 알을 낳아 기르는 신흥국가는 단번에 충분한 전력을 확보할 수 있다. 이것이 바로 다여왕창시제가 갖는 결정적인 이득이다.

지금까지 연구된 모든 개미 종에서, 이처럼 동맹관계를 형성하여 군대를 길러낸 국가는 굴문을 열고 나오자마자 이웃나라들을 평정하기 시작한다. 무력으로 천하를 통일하는 것이다. 그야말로 춘추전국시대를 방불케 한다. 그런데 내가 코스타리카의 고산지대에서 연구한 아즈텍개미Azteca들은 사뭇 다른 전쟁을 한다. 현재 미국 브랜다이스대학의 환경과학 교수인 펄먼Dan Perlman 박사와 나는 하버드대학 대학원 시절 같은 실험실에서 함께 트럼펫나무Cecropia 안에 서식하는 아즈텍개미 연구를 시작했다. 1984년에 시작한 우리의 공동연구는 30년 가까이 지난 최근까지 계속 이어지고 있다. 트럼펫나무는 대나무처럼 속이 비어 있는데, 그 속에 아즈텍개미들이 입주하여 산다. 나무는 개미에게 집은 물론 개미들이 선호하는 단백질이 함유된 뮬러체Müllerian body라는 먹이도 제공한다. 개미들은 그 대가로 나무를 모든 위협으로부터 보호해준다. 이파리를 갉아먹는 모든 초식동물들은 물론 물과 햇빛을 두고 경쟁할 다른 주변 식물들까지 제거해준다. 아즈텍개미와 트럼펫나무는 진화의 역사를 통해 공생의 지혜를 터득하여 실천하고

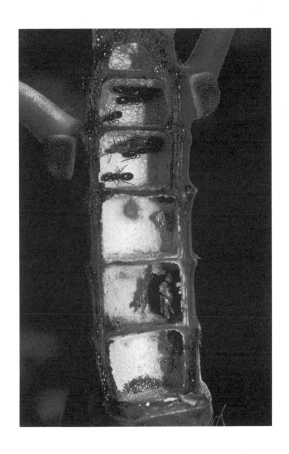

그림 5 트럼핏나무 속의 아즈텍 여왕개미들. 여왕개미들은 나무의 각 마디에 자리 잡고 일개미를 길러내기 위한 치열한 경쟁을 벌인다.

있는 것이다.[19]

아즈텍 여왕개미는 혼인비행을 마치자마자 아직 영토 소유권이 확정되지 않은 작은 트럼펫나무를 선택하여 살림을 차린다. 시간이 흐르면서 트럼펫나무에는 마치 고층 아파트 각 층마다 다른 가족이 입주하여 살듯이 각 마디마다 서로 다른 신흥국가들이 들어서며, 제가끔 보다 많은 일개미들을 길러내기 위해 치열한 경쟁을 벌이게 된다. 여기서도 역시 여왕개미 혼자서 군대를 양성하는 것보다 여러 여왕개미들이 동맹을 맺고 기르는 군대가 훨씬 짧은 시간 내에 보다 막강한 군대를 길러낼 수 있다. 위아래의 다른 신흥국가들보다 하루라도 먼저 20마리 정도의 일개미를 확보하는 국가가 나무 전체를 차지하게 된다. 그런데 먼저 굴문을 열고 나온 나라의 일개미들은 주변의 다른 나라로 진격하는 게 아니라 나무가 제공하는 뮬러체를 거둬들이기 시작한다. 뮬러체는 이 개미들의 먹이 전체의 90% 이상을 차지하는 주식이다. 그래서 그 나무가 제공하는 뮬러체를 몽땅 거둬들이고 나면, 조금이라도 늦게 바깥으로 나오는 다른 국가들은 모두 기아에 허덕이게 된다.[20]

아즈텍개미들은 이른바 경제전쟁을 하는 것이다. 국가의 흥망성쇠에 결정적으로 중요한 자원을 독점하여 경쟁 국가들

19 앞의 책.
20 앞의 책.

을 제거하는 전략이다. 아즈텍개미들은 이 경제전쟁에서 승리하기 위해 동맹을 맺을 여왕개미를 선택하는 과정에서 종의 장벽도 넘어선다. 펄먼 박사와 나는 최초로 동물계에서 서로 다른 종들이 함께 자식을 키우는 현상을 관찰했다. 같은 속에 속하는 두 종(검은 여왕*Azteca constructor*, 붉은 여왕*Azteca xanthacroa*)의 아즈텍개미들은 전혀 다른 유전체계를 가진 다른 종임에도 불구하고 천하를 평정하기 위해 전략적인 동맹을 맺는다. 나는 이를 다국적기업에 비유한다.[21] 이윤이 있는 곳이라면 국경을 넘나들며 합작투자를 마다치 않는 세계적인 기업들의 행동과 그리 다르지 않아 보이기 때문이다. 또한 다여왕창시제를 시행하고 있는 다른 모든 개미 종이 대면경쟁을 통해 천하를 통일하는 것과 달리, 아즈텍개미들은 전형적인 자원경쟁을 통해 경쟁자들을 제거하기 때문이기도 하다.

이처럼 자연계나 우리 인간 사회에서나 경쟁은 피할 수 없는 운명처럼 보인다. 그럼에도 불구하고 생태학자들은 늘 상대 종의 적합도fitness를 낮출 정도의 경쟁이 실제로 얼마나 빈번하게 일어나는가, 그리고 그것이 생태계의 구조에 얼마나 큰 영향을 미치는가에 대한 논쟁을 멈추지 않고 있다. 경쟁 연구에 대표적인 두 생태학자인 쉐이너Thomas Schoener와 코넬이 1983년 거의 동시에 종합논문을 발표하며 다분히 상반된 견해를

---

21 │ 최재천, 『개미제국의 발견』, 사이언스북스, 1999.

내놓은 것을 시작으로,[22] 이 논쟁은 지금까지도 계속되고 있다.[23] 실제로 경쟁이 어떤 형태로 얼마나 큰 영향을 미치며 일어나는가를 밝히는 일은 그리 간단하지 않은 작업이다. 이 같은 철저함은 인간 사회의 경쟁을 분석할 때에도 동일하게 적용돼야 할 것이다.

22 Thomas W. Schoener, 'Field experiments on interspecific competition', *The American Naturalist* 122, 1983, pp. 240~285; Joseph H. Connell, 'On the prevalence and relative importance of interspecific competition: evidence from field experiments', *The American Naturalist* 122, 1983, pp. 661~696.

23 Paul A. Keddy, 2001과 그 책 속에 인용되어 있는 논문들을 참조.

2

포식: 크고 흉악한 동물도 필요한가?

포식동물은 악이다?

크고 흉악한 동물로 치면 지금으로부터 약 6~7천만 년 전 이 지구를 호령했던 거대한 공룡들, 그 중에서도 송곳니의 길이가 거의 20센티미터에 가까웠던 티 렉스*Tyrannosaurus rex*를 빼놓을 수 없을 것이다. 영화 「쥐라기 공원」에 등장하여 우리들 모두의 간담을 서늘하게 했던 거대한 육식공룡 말이다. 티 렉스가 아니더라도 자연계에서 주로 남을 잡아먹고 사는 수많은 포식동물들에 대해, 도대체 그들은 무엇 때문에 이 지구상에 존재해야 하는가를 의아스럽게 생각하는 이들이 많다. 그들만 없으면 이 세상은 너무도 평화스럽고 아름다운 곳이 될 것 같은데 말이다.

실제로 인류 역사의 상당 부분은 크고 무서운 포식동물들과의 대결의 역사라고 봐도 크게 어긋남이 없어 보인다. 생물의 멸종에 관한 저서 『도도의 노래』의 저자 데이비드 쾀멘[24]은 그의 또 다른 저서 『신의 괴물』[25]에서 이렇게 적고 있다.

---

[24] 데이비드 쾀멘은 소설과 수필을 주로 쓰던 작가지만 최근에는 수준 높은 교양과학서를 저술하고 있다. 그의 대표적인 저서 『도도의 노래(*The Song of the Dodo*)』(이충호 옮김, 푸른숲, 1998)는 우리말로도 번역되어 나와 있다.

[25] David Quammen, *Monster of God: The Man-Eating Predator in the Jungles of History and the Mind*, New York: W. W. Norton and Company, 2003. [이충호 옮김, 『신의 괴물』, 푸른숲, 2004.]

무서운 육식 맹수는 자연 속에서 항상 인간과 함께 살아왔다. 그들은 호모 사피엔스를 진화시킨 심리적 배경의 일부가 되었다. 또한 우리가 그들에 대처하기 위해 발달시킨 정신 체계의 일부로 자리 잡았다. 대형 포식동물의 이빨과 발톱, 잔혹성과 고기에 대한 갈망은 피할 수는 있을지언정 잊을 수는 없는 잔인한 현실이었다. 숲이나 강에서 괴물 같은 맹수가 저승사자처럼 나타나 사람을 죽이고 먹어치우는 일이 종종 일어나곤 했다. 그것은 오늘날의 자동차 사고처럼 일상적인 재난이었지만, 그러한 일상적인 성격에도 불구하고 일어날 때마나 새롭고 섬뜩한 공포를 안겨주었다. 그리고 어떤 메시지도 담고 있었다. 최초에 형성된 인간의 자각 중에는 맹수의 밥이 될 수 있다는 개념도 자리 잡게 되었다.

지금으로부터 약 600만 년 전 우리 인류의 조상이 침팬지의 조상들을 아프리카의 교목림에 남겨두고, 보다 넓은 공간인 초원으로 나왔을 때를 상상해보자. 아직 확실하게 직립하지 못했을 시절이니 구부정한 자세를 하고 관목과 풀숲 사이로 무서운 포식동물들이 다가오고 있지 않나 늘 살피고 다녔을 것이다. 사실 공룡은 6,500만 년 전에 거의 모두 사라지고 없었기 때문에, 영화나 소설 속에서나 우리와 함께 할 수 있지 실질적인 공포의 대상은 아니었다. 실제로 초창기에 우리 인간을 위협했던 대표적인 동물은 아마 검치호랑이saber-toothed tiger

였을 듯싶다. 그러다가 드디어 불을 사용할 수 있게 되면서 대부분의 포식동물들의 접근을 막을 수 있게 되었고, 차츰 보다 강력한 무기를 만들어 사용할 수 있게 되면서, 급기야는 거꾸로 포식동물들을 압도할 수 있게 되었다. 일단 크고 무서운 동물들을 죽일 수 있는 능력을 확보한 다음, 인간은 마치 작심이라도 한 듯 세계 각처에서 대대적이고 조직적으로 그들을 제거하기 시작했다.

이 같은 우리의 행동 뒤에는 크고 무서운 동물은 제거해도 우리 삶에 도움이 되면 됐지 아무런 해가 되지 않으리라는 믿음이 깔려 있다. 포식동물에게 가축이나 애완동물 또는 가족이나 친지를 잃은 사람들이라면 더 말할 나위가 없었을 것이다. 우리 인간에게 해가 되지 않는 일이라면 자연계에도 득이 될 것이라고 쉽게 생각한다. 특히 영국과 미국에서는 야생동물에 대한 국가 차원의 도덕주의적 반응이 있었다. 영국인들과 미국인들은 자연계의 모든 생물 종들에게도 절대적인 윤리 기준을 적용하여, 그들을 선과 악의 두 범주로 분류했다. 아름답게 노래하는 새들과 실용적이고 '귀여운' 야생동물들은 선한 동물로 간주되었지만, 날카로운 이빨과 발톱을 지닌 늑대, 퓨마, 곰, 코요테 등은 해롭고 사악한 들짐승으로 규정되었다. 사냥을 특별히 좋아한 나머지 집권 시절 넓은 면적의 땅을 자연보호구역으로 지정하여 훗날 가장 환경 친화적인 미국 대통령 중 한 사람으로 인정받게 된 제26대 미국 대통령 테디 루스벨트(1858~1919)는 퓨마를 "거대한 말도 죽일 수 있는 고양

이, 사슴의 약탈자, 운명적으로 잔인성과 비겁성을 타고난 살인의 제왕"이라고 묘사하기도 했다.[26]

이 같은 야생동물의 박멸 뒤에는 흥미롭게도 당시의 진보주의progressivism가 버티고 서 있었다. 진보주의는 원래 깨끗한 정치를 구현하고 대기업을 중심으로 한 경제체제를 구축하며 도덕적인 사회를 건설하려는 일종의 개혁 운동이었지만, 국민의 공유 재산인 자연자원을 효율적으로 관리하려는 목적도 가지고 있었다. 실제로 당시 주도적인 역할을 하던 몇몇 자연보호론자들은 전형적인 진보주의자들이었다. 그 선봉에 바로 테디 루스벨트 대통령이 있었다. 그는 1901년 대통령에 취임한 후 곧바로 '해로운 들짐승들'로부터 국민을 보호하기 위해 조직적인 야생동물 제거작업에 착수했다. 예를 들어, 미국 농무부 산하 생물조사국Bureau of the Biological Survey은 1907년 한 해 동안 약 1,800마리의 늑대와 2만 3,000마리의 코요테를 포획했다. 우리에게는 『시턴 동물기』 등의 저서로 잘 알려진 미국의 자연학자이자 작가인 시턴Ernest Thompson Seton과 그의 동료 베일리Vernon Bailey에 따르면, 북미 대륙에 백인이 이주하기 전에는 약 200만 마리의 늑대들이 살고 있었는데 1908년경에는 약 20만 마리로 줄어들었다고 한다.[27]

---

26 Donald Worster, *Nature's Economy: A History of Ecological Ideas*, Cambridge: Cambridge University Press, 1994(초판 1977) 참조.

27 Vernon Bailey, 'Destruction of wolves and coyotes: Results obtained during 1907', United States Department of Agriculture, Bureau of Biological Survey, Circular no. 63, 1908.

키에밥 고원의 교훈

포식동물이 사라진 생태계가 균형을 잃고 그 생태계의 구성원들 중 일부 또는 전부에게 악영향을 미칠 수 있다는 사실을 깨달은 것은 훨씬 뒤의 일이었다. 미국 애리조나 주 북부지역 그랜드캐니언 바로 북쪽에 위치한 키에밥 고원Kaibab Plateau은 1906년 사냥동물 보호구역으로 지정되었다. 보호구역으로 지정되던 당시 그곳에는 약 4,000마리의 검은꼬리사슴mule deer들이 살고 있었다. 사냥꾼들을 위한 조직적인 포식동물 제거작업은 그곳에서도 어김없이 시작되었다. 그 후 25년 동안 퓨마, 늑대, 코요테, 스라소니 등의 포식동물들을 무려 6,000마리나 제거했다. 포식동물들이 사라짐에 따라 사슴 개체군은 빠르게 증가하기 시작했다. 포식동물 제거작업이 시작된 지 17년 만인 1923년에는 사슴 개체군의 크기가 6~7만 마리로 늘어났다. 이는 '진보적' 보호정책이 효과를 나타내어 이용 가능한 자연자원을 '낭비하는' 요인이 줄어들고 있다는 증거처럼 보였다. 하지만 이미 1918년부터 공원관리인들은 굶주린 사슴들이 식물의 어린 싹까지 먹어치운다는 사실을 관찰하고 있었다. 개체군 크기의 증가와 식량 부족으로 인해 보호구역의 사슴 수가 1931년에는 2만 마리로, 그리고 1939년에는 겨우 1

만 마리로 줄어들었다.[28]

키에밥의 사슴 개체군이 어떻게 그렇게 급격하게 증가할 수 있었는지, 그리고 왜 거의 비슷하게 급격히 쇠락하게 되었는지에 대해서 체계적인 연구가 수행된 것은 아니지만, 적어도 초창기의 개체군 증가와 포식동물의 제거가 무관하지는 않아 보인다. 이를 통해 포식압predation pressure이 무시할 수준으로 떨어진 후에도, 환경의 수용능력carrying capacity에 한계가 있기 때문에 개체군이 지속적으로 증가할 수 없다는 사실을 발견했다. 자연상태에서 포식동물들은 사슴 개체군으로 하여금 환경이 제공할 수 있는 먹이량이 허락하는 규모 이상으로 증가할 수 없도록 조절하고 있었던 것이다. 이 사례로 인하여 단순히 생산성에만 의존하여 자연생태계를 관리하려 했던 자연보호론자들의 생각이 옳지 않았음이 밝혀졌다. 생태학자들을 중심으로 사람들은 서서히 포식동물들도 자연생태계에 없어서는 안 될 중요한 요소임을 인식하기 시작했다.

28 D. Irvin Rasmussen, 'Biotic communities of Kaibab Plateau, Arizona', *Ecological Monograph* 11, 1941, pp. 229~275.

불가사의한 불가사리의 존재

생태학도 다른 대부분의 자연과학 분야들과 마찬가지로 관찰과 더불어 실험이 수반될 때 더욱 확실한 증거를 제시할 수 있다. 키에밥 고원의 사슴 개체군 변화를 비롯한 몇몇 자연적인 사례들에 기초하여, 미국 시애틀에 위치한 워싱턴대학의 생태학자 로버트 페인Robert Paine은 바닷가 암석해안 물웅덩이의 생물군집을 대상으로 하여 야외 실험을 수행했다.[29] 조간대의 물웅덩이에는 불가사리 외에도 여러 종의 따개비, 홍합, 삿갓조개, 달팽이들과 각종 해조류들이 살고 있었다. 페인 박사는 불가사리의 한 종인 오커불가사리Pisaster ochraceus가 이 여러 종의 동물들을 모두 잡아먹고 산다는 사실을 발견했다. 그는 한 지역에서는 이 불가사리가 보일 때마다 수시로 제거했고, 다른 지역에는 아무런 변화를 주지 않았다. 과학 실험에서는 전자를 실험군experimental group, 후자를 대조군control group이라 부른다.

　페인 박사는 이 실험을 여러 해 동안 진행했지만 결과는 상당히 일찍부터 나타나기 시작했다. 불과 6개월 만에 불가사리가 사라진 실험군집에는 새로운 따개비 종이 정착하기 시작

29 Robert T. Paine, 'Food web complexity and species diversity', *American Naturalist* 100, 1966, pp. 65~75.

했다. 그리고는 점차 홍합이 풍부해지더니 이내 절대적인 우점종이 되었다. 고착생활을 하는 홍합이 많아짐에 따라 바위 위에 공간이 부족해져, 해조류들은 단 한 종만 남고 나머지는 모두 자취를 감춰버렸다. 따라서 그 해조류들을 먹고 살던 초식동물들도 연쇄적으로 사라졌다. 결국 실험을 시작하기 전에는 모두 15종의 생물들이 살던 물웅덩이 군집의 다양성이 8종으로 줄어들었다. 언뜻 보기에 흉악한 포식동물인 불가사리만 제거하면 다른 모든 동물들이 보호되어 군집이 보다 평화롭고 풍요로워질 줄 알았는데, 결과는 정반대로 나타났다. 불가사리는 가장 경쟁력이 강한 종을 제거함으로써 상대적으로 취약한 종들에게도 삶의 기회를 부여하고 있던 것이다. 자연생태계에서 생물다양성을 높은 수준으로 유지해주는 데 포식동물의 역할이 상당히 중요할 수 있음을 입증한 실험이었다.

이런 불가사리의 사례가 주는 교훈은 인간의 경제학에도 적용될 수 있다. 생물학, 그 중에서도 생태학이 경제학과 무슨 관련이 있으랴 생각하는 사람들이 많을 것이다. 기껏해야 환경영향평가 같은 것을 통해서나 약간 관련이 있어 보일 뿐, 사회과학에 속하는 경제학과 자연과학에 속하는 생태학은 전혀 다른 학문처럼 보일 것이다. 그러나 서울대학교 경제학부 정기준 명예교수의 글에 따르면,[30] 경제학과 생물학은 다루는 대

---

30 정기준, 「경제학과 생물학, 그리고 생물학과 경제학」, 『자연과학』 11, 2001, 85~89쪽.

상이 모두 살아 숨 쉬는 유기체라는 공통점을 지니며 역사의 상당 부분을 공유하는 대단히 밀접한 학문이다. 맬서스와 다윈의 학문적 연결부터 게임 이론과 최적화 이론 등을 통한 최근 교류에 이르기까지, 경제학과 생물학은 서로 아이디어를 주고받으며 발전해왔고 앞으로도 그럴 것이다. 현대 경제학의 창시자 중의 한 사람인 마셜Alfred Marshall (1842~1924)[31]이 주장한 경제생물학은 이제 진화경제학으로 발전하고 있다.

나는 경제학을 정식으로 공부한 사람은 아니지만 오래전부터 나름대로 경제학과 생물학을 접목할 수 있는 길을 모색해왔다.[32] 『알이 닭을 낳는다』라는 책에 '정부의 경제규제는 불가사리만큼만'이라는 글을 쓴 적이 있다.[33] 포식동물의 생태적 존재가치를 정부의 경제정책에 비추어 본 이 글에서 나는 이렇게 썼다.

---

31 Alfred Marshall, *Principles of Economics: An Introductory Volume*, 8th edn, Macmillan and Co., Ltd, 1920.

32 나는 미국에서 연구하던 1992년부터 1994년까지 미시건 명예학술협회(Michigan Society of Fellows)에 특별연구원(Junior Fellow)으로 선임되어 산업경제학의 이론들을 도입하여 동물의 짝짓기 구조가 어떻게 진화하고 유지되는가를 분석하려 했다. 특히 프린스턴대학의 경제학자 윌리엄 보멀(William Baumol)의 경합시장 이론(Contestable Market Theory)을 이용하여 '레크 짝짓기(Lek mating)'라 불리는 독특한 짝짓기 구조의 진화와 생태를 연구했다.

33 최재천, 『알이 닭을 낳는다』, 도요새, 2001.

언제부터인가 우리는 경제 전문가들로부터 모든 걸 자유경쟁 시장체제에 맡겨야 한다는 얘기를 자주 듣는다. 하지만 그 어느 자본주의 국가도 경제를 완벽하게 자유경쟁체제 속에 내버려두는 곳은 없는 것 같다. 미국의 법무부가 얼마나 끈질기게 마이크로소프트사의 독점을 저지하느라 애썼는지 우리 모두 지켜보았다. 어쨌거나 규제가 적은 경제일수록 성공적인 것만은 틀림없어 보인다. 그렇다면 정부의 규제는 과연 어느 선이 적절한 것일까?

정부가 할 일은 더도 말고 덜도 말고 바로 불가사리의 역할이 아닐까 생각해본다. 시장을 너무 지나치게 자유로이 방치하면 황량한 약육강식의 세상이 될 가능성이 높다. 월등하게 우수한 한 기업이 시장을 독점하게 되면 결국 소비자가 골탕을 먹는다. 또한 자연생태계나 시장경제계나 할 것 없이 다양성을 잃으면 구조적으로 불안정해진다. 그러나 불가사리는 결코 씨를 말릴 종을 미리 결정하지 않는다. 정부의 간섭도 불가사리처럼 기업들로 하여금 자유롭게 경쟁할 수 있는 시장환경을 확보하는 수준에서 멈춰야 하지 않을까 생각한다. 생태학적으로 볼 때 인위적인 기업 퇴출은 결코 시장을 건강하게 만들지 못할 것 같다.

한 나라의 국가경제를 어떻게 작은 물웅덩이에 비할 수 있느냐고 반문하는 이도 있을 것이다. 하지만 아프리카 초원 중 일부에서 코끼리가 사라지자, 그 광활한 지역이 온통 한두 종의 나무들로 뒤덮이는 것도 생태학자들은 보았다.

포식동물 군집의 장기생태연구

처음부터 치밀하게 기획한 연구는 아니었지만, 키에밥 고원의 사슴 개체군 변이는 워낙 오랜 세월 동안 관찰한 결과이기 때문에 신뢰도도 상당히 높고 미치는 영향도 크다. 생태계의 변화는 단기간의 연구로 그 원인과 추이를 파악하기 어렵다. 아니, 어렵다기보다는 차라리 불가능하다고 해야 옳을 것이다. 그래서 생태학 연구는 기본적으로 모두 장기적인 모니터링이어야 한다. 이미 선진국에서는 대부분의 생태학 연구가 장기생태연구Long-Term Ecological Research, LTER의 틀을 갖추고 진행되고 있다. 우리나라도 늦은 감은 있으나 이제 환경부의 주도로 장기적인 생태연구가 진행되고 있다.

포식동물과 피식동물 간의 관계를 오랜 기간 관찰해온 연구들 중에서 캘리포니아주립대학의 생태학자 케빈 크룩스Kevin Crooks와 마이클 술레Michael Soulé의 연구[34]를 소개하고자 한다. 그들은 캘리포니아 샌디에이고 지역에 서식하는 새들과 그들을 잡아먹고 사는 포식자들 간의 생태를 연구했다. 샌디에이고 지역에는 코요테와 너구리 그리고 집고양이가 중요한 포식동

---

34 Kevin Crooks and Michael E. Soulé, 'Mesopredator release and avifaunal extinctions in a fragmented system', *Nature* 400, 1999, pp. 563~566.

물군을 이루고 있었다. 크룩스와 술레는 이 지역 관목숲에 사는 새들의 종다양성species diversity이 코요테가 없는 서식지보다 살고 있는 서식지에서 더 높다는 사실을 발견했다.

야생의 포식자들과 달리 집고양이들은 심심풀이로 사냥을 한다. 배가 고프지 않아도 사냥을 하는 것이다. 크룩스와 술레의 조사에 따르면 샌디에이고 지역 거주자들의 32%가 고양이를 기르고 있었고, 이 중 84%의 고양이들이 동물을 죽여 집으로 물고 들어온 적이 있다. 고양이 주인들에 따르면 고양이 한 마리가 사냥해온 동물은 매년 평균 쥐 24마리, 새 15마리, 도마뱀 17마리로서 상당한 수에 달한 것으로 나타났다.

그런데 코요테는 새들만 잡아먹는 것이 아니라 집고양이와 너구리들도 죽인다. 따라서 집고양이나 너구리들은 코요테의 활동이 활발한 지역을 피한다. 이처럼 실제로 포식동물들 간에도 서열이 존재할 수 있다. 샌디에이고 지역의 동물군집에서는 먹이그물의 가장 상위에 위치한 육식동물 코요테가 사라지면, 새를 잡아먹는 다른 포식자들의 수와 활동이 늘어나 새들의 수는 오히려 더 감소한다. 실제로 새들의 멸종은 빈번하고 빠르게 일어나고 있었다. 크룩스와 술레의 조사에 의하면 지난 100년 동안 적어도 75종의 새들이 이 지역에서 자취를 감췄다.

누명과 해명

포식동물이 다른 동물을 잡아먹는 현장을 관찰하면서도, 생태학자들은 오히려 포식압이 피식동물 개체군을 실제적으로 그리고 효과적으로 조절하는지를 묻는다. 포식동물들이 실제로 먹이를 잡는 확률이 별로 높아 보이지 않기 때문이다. 세렝게티 초원의 사자나 치타가 먹이를 쫓을 때마다 늘 잡는 것이 아니다. 일반인들은 그런 장면만을 모아놓은 다큐멘터리 영화를 보기 때문에 그렇게 생각할 수 있다. 북미 초원에 사는 동물 중 가장 빠른 동물은 가지뿔영양pronghorn이다. 시속 100킬로미터가 넘는 속도로 달린다. 워낙 잘 놀라는 동물이라 툭 하면 다함께 드넓은 초원을 내달린다. 어느 구석이든 한 마리만 달리기 시작해도 이내 그 집단에 속해 있는 모든 가지뿔영양들이 천지를 뒤흔들 듯한 발굽소리를 내며 초원을 질주한다. 그리고 일단 달렸다 하면 예외 없이 시속 100킬로미터 이상의 속력을 낸다. 그들은 지금도 허구한 날 몇 번씩 그렇게 달리며 산다.

　동물이 위험을 감지했을 때 반사적으로 몸을 피하는 적응현상을 두고 동물행동학자들은 '정형화한 행동양식Fixed Action Pattern, FAP'이라 부른다. 생존을 위협할 수 있는 상황에 처했을 때 대뇌를 거치는 사고과정에 따라 행동해야 한다면, 많은 경우 목숨을 잃을 것이 뻔하다. 그래서 동물들에게는 이런 경우에 대비하여 미리 유전자 수준에 입력되어 있는 행동양식이 진화된 것이다. 위험을 감지한 후에도 피하지 않는 가지뿔영양보다 가차 없이 도주하는, 그래서 때론 에너지를 낭비하는 가지뿔영양이 생존 가능성과 번식성공률이 훨씬 더 높은 것은 당연한 일이다. 다만 가지뿔영양의 경우 달리는 속도가 문제이다. 지금 북미 대륙에는 시속 100킬로미터를 주파할 수 있는 포식동물이 없다. 그런데 왜 가지뿔영양은 달렸다 하면 그렇게 빨리 달려야 하는 것일까? 물론 아프리카 초원의 영양들은 언제나 있는 힘을 다해 달려야 한다. 그들의 뒤를 쫓는 치타의 순간속도가 100킬로미터를 넘기 때문이다. 생물학자들은 예전에는 북미 대륙에도 가지뿔영양을 따라잡을 수 있을 만큼 빠른 포식동물이 있었을 것이라고 추측한다. 신기한 것은 그처럼 빠른 포식동물이 사라진 지 이미 오랜 세월이 지났건만, 가지뿔영양들은 지금도 뛰었다 하면 최고 속력을 낸다는 사실이다. 이제는 속도 조절을 해서 공연히 에너지를 낭비하는 일을 멈춰도 되련만, 일단 진화된 성향을 되돌리기란 그리 쉬운 일이 아니다. 포식압은 이처럼 지금 당장 먹이동물의 개체군 크기를 조절하는 기능을 할 뿐만 아니라, 자손 대대로 물려줄 행동 패턴에도 결정적인 영향을 미친다.

그럼에도 불구하고 생태학자들은 언제나 특정한 포식동물이 특정한 먹이동물 개체군의 크기를 조절하고 있는가를 묻는다. 이 질문에 대해 명확한 답을 얻는 가장 좋은 방법 중 하나는 그 포식동물을 제거한 후 먹이동물 개체군에 어떤 변화가 일어나는가를 관찰하는 방법이다. 이 같은 '실험'은 치밀하게 계획하여 진행되기도 하지만 종종 우연히 벌어지기도 한다. 1982년 북미 대서양 연안에서 유럽으로 항해하는 선박을 따라 처음 북해에 도달한 한 종의 빗해파리comb jelly는 치어들을 닥치는 대로 잡아먹어 불과 7년 만에 북해 생태계에 서식하는 모든 동물중량의 95%를 점유하게 되었다.[35] 우리나라 민물생태계도 근래 황소개구리, 블루길 등 외래종들에 의해 피폐해지고 있다.

호주 대륙에 사는 들개인 딩고dingo 역시 수난의 역사를 겪었다. 양을 해친다는 죄목으로 호주의 남부와 동부 지역에서 딩고는 거의 완벽하게 제거되었다. 그리곤 사람들은 딩고의 재진입을 막기 위해 1970년대 중반 무려 9,600킬로미터에 달하는 길이의 철망을 세웠다. 중국의 만리장성보다도 더 긴 담이다. 매우 극적인 변화가 잇달았다. 딩고가 사라진 지역에서는 붉은캥거루의 수가 무려 166배로 늘어났다.[36] 에뮤Emu 개체군도 그 크기가 스무 배로 증가했다. 딩고는 또한 멧돼지 개체

35 Joseph Travis, 'Invader threatens Black, Azov Seas', *Science* 262, 1993, pp. 1336~1337.

36 Graeme Caughley, G. C. Grigg, Judy Caughley, G. J. E. Hill, 'Does dingo population control the densities of red kangaroos and emus?', *Australian Wildlife Research* 7, 1980, pp. 1~12.

군에도 영향을 미치는 것으로 드러났다. 딩고가 살지 않는 섬에는 멧돼지 개체군이 피라미드 형태의 비교적 정상적인 연령 구조를 갖고 있는 반면, 딩고가 사냥을 하는 호주의 동북부 퀸즐랜드Queensland 지역에서는 두 살 이하의 멧돼지들이 나이 더든 멧돼지들보다 훨씬 더 적은 기형적인 연령 구조를 보인다. 호주에서는 딩고 외에도 여우와 들고양이들도 가축을 보호한다는 명목하에 조직적으로 제거되었다. 그리하여 결국 토끼의 수가 급증하여 붉은캥거루와 함께 보호하려던 양의 먹이식물을 엄청나게 축내는 결과를 빚고 말았다.[37]

포식동물의 제거가 뜻하지 않게 생태계에 부정적인 결과를 빚은 사례는 이 밖에도 무수히 많다. 그럼에도 불구하고 무지의 역사는 여전히 되풀이되고 있다. 1999년에도 미국 농림성 산하 야생동물관리국은 코요테 85,000마리, 여우 6,200마리, 퓨마 359마리, 늑대 173마리를 제거했다. 이 과정에서 쓰인 방식은 모두 동물에게 극심한 고통을 유발한다. 96,000마리가 넘는 포식동물들이 관리와 조절이라는 이름하에 덫, 올무, 폭약, 독, 그리고 총에 의해 무자비하게 학살되는 기간 동안, 가축의 사인 중 단 1%만이 포식에 의한 것이었다. 나머지 99%는 질병, 나쁜 기후조건, 굶주림, 탈수, 그리고 사산 등에

---

37 A. Newsome, 'The control of vertebrate pests by vertebrate predators', *Trends in Ecology and Evolution 5*, 1990, pp. 187~191.

의한 것이었다.[38] 한 번 뒤집어쓴 누명은 이처럼 벗기 어려운 것이다. 아직도 미국의 많은 주에서는 야생동물관리국에 의한 포식동물 제거작업이 계속되고 있다. 그 결과 사슴과 같은 동물들은 그 수가 지나치게 늘어났고, 그들을 '조절'하기 위해 야생동물관리국은 사냥꾼들에게 허가증을 팔아 많은 돈을 긁어모으고 있다.

오랫동안 크고 흉측한 포식동물들은 사람을 해친다는 누명을 쓰고 무참히 학살되었다. 그러나 미국의 경우 늑대가 실제로 사람을 물어 죽인 예는 보고된 바 없다. 딱 한 번의 예도 광견병에 걸린 늑대에 의한 것이었다. 퓨마가 사람을 공격했다는 보고도 거의 없다. 1890년 이래 모두 17명이 사망했는데, 인간이 퓨마의 영역에 더 깊이 파고 들어간 지난 10년 간 사망한 수는 그 중 7명에 불과하다. 집에서 기르는 개에게 공격받은 경우가 훨씬 더 많다.[39]

유명한 환경운동가 마거릿 오윙스Margaret Owings 덕분에 캘리포니아는 미국에서 유일하게 퓨마가 보호받는 주가 되었다. 그리고 세계 각국의 사람들이 원래 동물들이 살았던 지역에 그들을 복원하려는 노력을 하고 있다. 가장 잘 알려졌고 성공

---

38 Jane Goodall and Marc Bekoff, *The Ten Trusts*. San Francisco: Harper Collins, 2002. [최재천, 이상임 옮김, 『제인 구달의 생명 사랑 십계명』, 바다출판사, 2003.]

39 앞의 책.

적인 예는 옐로스톤 국립공원의 늑대 복원사업이다. 처음 이 계획이 공표되었을 때에는 상당한 반대가 있었지만, 복원 과정이 신중하게 계획되어 농장 주인, 목장 주인, 관광객의 입장, 그리고 무엇보다도 늑대의 입장이 모두 골고루 반영되었다. 현재 늑대의 수는 늘어나고 있으며 이들은 옐로스톤 국립공원의 생태계에서 오랫동안 누려왔던 포식자로서의 역할, 즉 피식동물의 개체군을 '건강한' 상태로 유지하는 역할을 충실히 해내고 있다.

칼라일Thomas Carlyle(1795~1881)은 경제학을 '우울한 과학'이라 했다. 도널드 워스터 역시 다윈의 영향을 받은 근대 생태학, 즉 진화생태학을 '우울한 생태학'이라 규정했다. 하지만 나는 이들의 '우울한'이라는 표현 속에 희망이 있음을 안다. 크고 흉악한 포식동물들에게도 존재의 이유가 있다는 사실을 인식하는 것만큼 큰 희망의 메시지가 또 어디 있을까 싶다.

3

기생: 기생이 세상의
절반이다

기생자 생태학

세상에 흔히 '개미박사' 또는 '동물행동학자'로 알려져 있어 내가 기생자 생태학parasite ecology으로 석사학위를 했다는 걸 아는 사람은 별로 없는 것 같다. 나는 1979년 미국 펜실베이니아주립대학으로 유학을 떠났다. 당시만 해도 아직 생물학이 지금처럼 소위 '잘 나가는' 학문이 아니었기 때문에 유학을 가는 사람이 많은 것도 아니었고, 다른 분야도 아니고 생태학을 하러 먼 미국까지 유학을 간다는 것은 퍽 생소한 일이었다. 그 당시 우리나라에는 생태학이라는 학문을 전공한 학자가 거의 없었다. 생태학은 그저 자연사natural history를 기록하는 학문 정도로만 인식했기 때문에 그런 '고전적인' 생물학을 공부하러 첨단 국가에 유학을 간다는 것 자체가 사뭇 우스꽝스러운 일처럼 보였던 것이다.

나는 펜실베이니아주립대학교 대학원 생태학 프로그램의 박사과정에 입학했다. 하지만 막상 생태학 공부를 시작하려니 워낙 한국에서 배운 게 없어서 기초부터 다시 하기로 마음먹었다. 그래서 나는 자진해서 석사과정으로 나 자신을 끌어내렸다. 기초부터 착실하게 다지겠다는 생각이 없었던 것은 아니었지만, 사실은 내가 공부하고 싶었던 동물행동학을 전공한 마땅한 교수가 그 대학에는 없었기 때문에 일단 그곳에서 석사를 하고 다른 대학으로 박사학위를 하러 가야겠다는 속셈이 더 컸다. 그런 계산으로 비교적 간단하게 할 수 있는 주제를 찾던 중 발견한 것이 바로 기생자 생태학이었다.

미국에서의 첫 학기를 마치자마자 나는 곧바로 알래스카 바닷새들의 몸에 붙어사는 기생생물들의 생태연구에 착수했다. 캘리포니아주립대학의 헌트George Hunt 교수가 베링 해협Bering Strait에 위치한 프리빌로프 제도에 서식하는 온갖 바닷새들의 생태를 연구하는 과정에서 체외기생자ectoparasite는 우리 실험실에서, 그리고 체내기생자endoparasite는 캐나다 연구진이 맡아 조사하기로 했던 것이다. 나는 몸집이 특별히 작은 갈매기의 일종인 두 종의 세가락갈매기와 바다오리 두 종의 피부와 깃털에 기생하는 곤충과 진드기류의 종다양성과 분포를 연구하기로 했다. 생태학의 분야로 치면 개체군 생태학과 군집 생태학을 연구하게 된 것이다.

기생은 기본적으로 포식이다

군집 내의 생물들 간의 관계를 볼 때 기생parasitism은 기본적으로 포식predation의 범주에 속한다. 포식동물이 먹이동물을 잡아먹는 관계에서 포식동물에게는 적합도 측면에서 당연히 이득이지만 먹이가 되는 동물에게는 손해인 것과 마찬가지로, 기생자parasite와 기주寄主, host의 관계도 한쪽은 이익을 취하고 다른 쪽은 손해를 보는 관계이다. 다른 점이 있다면 포식자는 상대를 죽인 다음 섭취하는 반면, 기생자는 기주를 곧바로 죽이지 않고 서서히 그로부터 영양분 등의 이득을 취한다는 것이다. 하지만 다른 동물의 몸에 알을 낳고 그 알들에서 깨어난 애벌레들이 기주의 몸을 갉아먹으며 성장하는 기생포식자parasitoid의 경우는 기생과 포식의 중간 형태를 지닌다고 봐야 할 것이다.

　기생생물은 우선 체외기생자와 체내기생자로 나뉜다. 이, 벼룩, 빈대 등의 곤충과 진드기류들이 대표적인 체외기생자들이다. 한편, 체내기생자로는 회충, 요충, 편충, 십이지장충 등을 들지만, 이들은 엄밀하게 말하면 체내에 사는 기생자가 아니다. 우리는 흔히 위나 장 속을 체내라고 생각하지만 입에서 항문으로 이어지는 공간은 발생학적으로 볼 때 몸 밖이다. 진정한 체내는 내장 기관들이 들어 있는 공간, 즉 체강body cavity이다. 혈관 속도 체내라고 볼 수 있다. 그래서 진정한 체내기생자는 혈액 속에 기생하는 생물들과 체강 또는 근육 속에 서식하는 생물들을 일컬어야 할 것이다.

　기생생물은 또 기주의 몸에 다분히 영구적으로 머무는 것들과 일시적으로 머무는 것들로 나뉜다. 그런가 하면 한 기주에서 다른 기주로 직접 옮겨가는 기생자도 있고 다른 생물이 중간기주vector의 역할을 하며 옮겨줘야만 하는 것들이 있다. 생활환life cycle[40]의 전 기간을 한 기주의 몸에서 보내야 하는 기생자는 기주에게 미치는 영향이 지나치게 크지 않도록 진화했다. 기주에 너무 큰 손해를 가하면 기주의 수명이 짧아질 것이고, 그렇게 되면 그 기주의 몸에 사는 기생자는 자신의 서식지를 잃게 되는 셈이다. 바로 이 논리에 의하여 생물학자들은 오랫동안 기생생물은 기본적으로 기주를 죽이지 않도록 스스로 절제하는 방향으로 진화했다고 믿었다. 따라서 먹이를 죽여 섭취하는 포식과는 본질적으로 다른 관계로 이해했다.

　하지만 미국 앰허스트대학의 진화생물학자 폴 이왈드Paul Ewald의 연구[41]에 의해 다른 기주로의 전파 방식과 그 용이성에 따라 기생생물의 독성이 전혀 다른 방향으로 진화할 수 있

---

40 생물이 개체 발육을 시작하여 여러 시기를 거치면서 성체로 성숙하여 생식을 하고, 다시 그 자손이 같은 과정을 거쳐 순환하는 일.

41 Paul W. Ewald, *Evolution of Infectious Disease*, Oxford: Oxford University Press, 1994.

음이 밝혀졌다. 예를 들어, 감기를 일으키는 바이러스의 경우, 독성이 너무 강해 숙주로 하여금 자리에 눕게 하면 다른 기주로 옮겨갈 기회를 잃는다. 감기 바이러스는 콧물, 기침, 재채기 같은 기주의 방어 메커니즘을 거꾸로 이용한다. 기주가 적당히 아파야 일어나 움직여 다니며 다른 기주들의 얼굴에 재채기를 해댈 것이 아닌가. 그래서 이처럼 기주와 기주 간의 직접적인 접촉에 의해 전파되는 기생생물은 독성이 비교적 약해지는 방향으로 진화했다. 하지만 말라리아를 일으키는 말라리아원충Plasmodium은 중간기주인 모기의 몸을 통해 다른 기주로 이동한다. 따라서 손으로 모기를 때려잡을 수도 없을 정도로 기주를 무기력하게 만들어도 아무 문제가 없다. 실제로 토끼와 쥐를 대상으로 수행한 실험에 의하면 말라리아에 걸린 기주가 모기에 더 쉽게 물린다. 모기들은 지극히 무기력해진 기주로부터 마음껏 피를 빤 후 질병을 두루 전파할 수 있다. 이런 이유로 인해 말라리아원충의 독성은 점점 더 증가하여, 말라리아는 지금 세계적으로 가장 많은 인명을 앗아가는 질병 중의 하나이다. 중간기주에 의해 전파되는 기생생물은 포식동물과 크게 다를 바 없다.

에이즈AIDS를 유발하는 레트로바이러스retrovirus인 HIV는 현재 치명적인 독성을 지닌 병원균으로서 사람들을 공포에 떨게 하고 있다. 하지만 HIV는 오랫동안 일부 사람들의 몸 안에 존재해왔던 바이러스였는데, 최근 몇십 년 사이에 특별히 독성이 강한 종류의 HIV가 진화하여 에이즈를 일으킨 것이다.

매춘과 일반적인 성 개방 풍조는 물론, 마약중독자들의 주사기 공유로 인해 다른 기주로의 이동이 수월해지자 HIV에게 기주의 생존은 더 이상 중요한 요인이 아니게 되었다. 독성이 강한 바이러스가 현재의 기주가 죽기 전에 다음 기주로 이동할 기회가 많아짐에 따라 독성이 약한 바이러스를 누르고 득세하게 된 것이다. 이 논리를 거꾸로 이용하면 어쩌면 손쉽게 에이즈를 퇴치할 수 있을지도 모른다. 청결한 주삿바늘과 콘돔을 사용한다면 바이러스의 전파 속도를 줄일 수 있다. 그러면 차츰 독성이 낮은 HIV가 득세할 것이고 에이즈는 더 이상 치명적인 질병이 아니게 될 것이다.[42]

---

42 좀 더 상세한 설명은 Randolph M. Nesse and George C. Williams, *Why We Get Sick: The New Science of Darwinian Medicine*, New York: Times Books, 1994 [최재천 옮김, 『인간은 왜 병에 걸리는가』, 사이언스북스, 1999] 참조.

기생자의 산포와 섬생물지리학

개체들의 공간적인 분포 형태를 생태학에서는 산포dispersion라고 하며 임의분포random distribution, 균일분포uniform, even or regular distribution, 집주集注분포clumped or contagious distribution의 세 가지 방식으로 나타난다. 임의분포란 한 지점에 어떤 개체가 존재할 확률이 다른 지점에 나타날 확률과 동일한 분포를 말한다. 다시 말해서 특정 개체의 존재가 다른 개체에 영향을 미치지 않는 경우에 나타난다. 그러자면 서식환경이 균질적이어야 하므로 기본적으로 이질적인 서식환경으로 이뤄져 있는 자연생태계에서 임의분포는 좀처럼 나타나기 어려운 분포이다.

개체들의 분포가 임의적이지 않으면 규칙적이거나 불규칙적인 두 가지 가능성이 있다. 균일분포는 우리 인간이 인위적으로 심어 놓은 농작물들이 전형적으로 보이는 분포로서 자연생태계에서는 임의분포보다도 더 희귀하다. 영역을 확보하고 방어하는 동물들이나 사막에서 다른 개체들의 성장을 저해하는 화학물질을 분비하며 일정한 거리를 유지하며 자라는 관목들에서나 드물게 볼 수 있다.

자연생태계의 대부분의 생물들은 그 정도의 차이는 있지만 기본적으로 집주분포를 나타낸다. 기생생물은 집주분포를 보이는 대표적인 생물이다. 어떤 기주생물은 엄청난 수의 기생자를 갖고 있는가 하면, 기생자가 전혀 살고 있지 않은 기주생물들도 있다. 전염병을 일으키는 병원균의 경우를 보더라도 기주생물 개체군 전체가 감염되는 예는 극히 드물다. 감염된 기주생물들 간에도 갖고 있는 기생자의 수는 천차만별이다. 이 같은 현상은 거의 모든 종류의 기생생물에서 보편적으로 발견된다.

섬에 서식하는 생물 군집의 천이를 설명하는 이론인 섬생물지리학 이론theory of island biogeography[43]은 기생생물의 집주분포를 이해하는 데 유용하다. 섬생물지리학은 원래 바다나 호수 및 하천에 떠 있는 섬들에 어떻게 생물이 이주하고 정착하며 절멸하는가를 밝히려고 시작되었지만, 이른바 '서식지 섬habitat island'에 분포하는 생물 개체군의 천이를 분석하는 데에도 적용되었다. 서식지 섬은 도시 한복판이나 경작지 한가운데에 덩그러니 남아 있는 작은 숲 등과 같이 특정한 생물들에게 마치 바다의 섬과 같은 서식지를 제공하는 공간을 일컫는다. 기생자에게는 기주생물이 일종의 서식지 섬이 될 수 있다. 따라서 기주식물은 초식곤충들에게 섬과 같은 존재다. 기주동물의 경우는 좀 색다르다. 섬이 한 자리에 고정되어 있는 것이 아니라 움직여 다닌다. 이른바 '움직이는 섬mobile island'이다.

---

43 섬생물지리학에 대한 상세한 설명은 Robert H. MacArthur and Edward O. Wilson, *The Theory of Island Biogeography*, Princeton: Princeton University Press, 1967 참조.

기주동물의 이동성 내지는 사회성은 기생자의 산포에 결정적인 요인으로 작용한다. 실제로 사회성의 진화에 가장 부정적인 요소로 작용한 것이 기생자에 의한 선택압이다. 사회를 구성하고 삶으로써 얻는 이득이 엄청난 것은 말할 나위가 없지만, '섬' 간의 거리를 줄여 기생자들로 하여금 새로운 기주로의 이주를 용이하게 만들어준 부정적인 영향 역시 무시할 수 없다. 교통수단의 발달로 사람들의 행동반경이 넓어지고 이동 시간도 짧아져 인류는 또 한 번 엄청난 전염병의 시대를 맞고 있다. 20세기 의학 발전 중 가장 위대한 업적으로 항생제의 발견을 꼽는다. 항생제 덕분에 인류는 상당히 많은 질병으로부터 자유로워졌다. 그래서 급기야 1969년 미국 공중위생국 장관은 "전염병 시대는 이제 막을 내렸다"라고 호언장담하기도 했다. 그러나 질병을 일으키는 기생생물들과의 전쟁은 그렇게 간단하지 않았다. 항생제에 대한 내성 증가로 인해 전염병은 언제부터인가 또다시 우리의 목을 죄기 시작했다.

　　기주의 이동성은 기생자에게 긍정적인 효과를 주기도 하지만 동시에 어려운 문제를 안겨준다. 목표물 자체가 한자리에 고정되어 있지 않고 지속적으로 움직인다는 것은 성공적인 이주에 결정적인 방해요인이 된다. 게다가 물에 떠 있는 섬과 달리 '살아 있는 섬'인 기주생물은 그 자체가 진화하고 있는 생물이라 기생자의 존재에 영향을 받는다. 기주와 기생자는 따라서 늘 공진화coevolution를 한다. 어떤 기주는 어느 특정한 기생자에 대해 면역력을 갖고 있어서 별다른 반응을 보이지 않는가 하면 다른 기주는 매우 민감하게 반응하기도 한다. 이 같은 원인에 의해 기생자의 산포는 전형적으로 집주분포를 보인다. 어떤 기주는 지나치게 많은 기생자들로 인해 심지어는 죽음에 이르는가 하면 같은 지역에 살고 있는 다른 기주들은 전혀 영향을 받지 않기도 한다. 우리 사회의 질병 발병도 비슷한 양상을 보인다.

기생이 세상을 지배한다

황진이와 논개가 인류의 역사를 바꿔놓았다는 얘기를 하려는 것은 아니다. 사실 그보다 더 거창한 얘기를 하려는 것이다. 기생자가 생명의 진화를 주도한다는 사실을 말하려 한다. 지구라는 행성이 탄생한 이래 생명의 진화는 거의 예외 없이 다양성이 증가하는 방향으로 진행되어왔다. 화석 증거에 따르면 지구는 지금까지 줄잡아 다섯 번의 대절멸mass extinction 사건을 겪으며 변화해왔다.[44] 지금부터 2억 4천5백만 년 전의 대절멸 사건 때에는 그 당시 살고 있던 생물 종의 무려 90%가 사라지기도 했다. 이처럼 엄청난 싹쓸이에도 불구하고 생물다양성은 꾸준히 증가해왔다. 과거를 돌아보면 지구는 비교적 안정적인 기간 동안에는 새로운 종들이 끊임없이 만들어지다가 이따금씩 거의 발작하듯 상당수의 생물 종들을 털어낸 듯싶다.

기생생물의 범위를 어디까지 연장하느냐에 따라 달라질 수 있는 문제이지만, 전 세계 곤충의 거의 75%를 점유하는 기생포식곤충들까지 포함한다면 지구상에 현존하는 생물의 절

---

44 David M. Raup, *Extinction: Bad Genes or Bad Luck?*, New York: W. W. Norton, 1992 [장대익·정재은 옮김, 『멸종: 불량 유전자 탓인가, 불운 때문인가?』, 문학과지성사, 2003] 참조.

반 이상이 모두 기생생활을 하고 있는 셈이다.[45] 자연생태계에
서식하는 동물들 중 체내나 체외에 몇몇 기생자들을 보유하
고 있지 않은 동물은 찾기 어려울 것이다. 실제로 웬만한 야생
동물은 포획하여 기생생물 점검을 해보면 거의 언제나 새로운
종의 기생생물을 발견할 수 있을 정도이다. 우리가 공생은 하
되 한쪽만 이득을 취하는 편리공생commensalism 또는 공히 양쪽
이 다 이득을 얻는 상리공생mutualism의 관계로 알고 있던 몇몇
예들도 면밀히 들여다보면 사실 기생관계임이 밝혀지고 있다.
아프리카 초원에서 초식동물의 몸에 있는 기생생물들을 잡아
먹어주는 새들이 기회만 있으면 동물의 몸에 상처를 내어 피
를 섭취한다는 최근 관찰결과만 보더라도 완벽한 의미의 편리
공생 또는 상리공생은 기생보다 훨씬 유지되기 어려운 관계인
듯싶다.

　　하지만 흥미롭게도 기생은 자연이 비교적 최근에 터득한
생활 방식인 것으로 보인다.[46] 포식이나 경쟁 관계에 비해 비
교적 최근에 폭발적인 진화를 하고 있는 것이 바로 기생이다.
기생생물들은 기주로부터 단순히 영양분만 취하는 것이 아니
라 대부분 밀접한 접촉 관계를 유지하기 때문에 기주와 기생

45 Peter D. Stiling, *Ecology: Theories and Applications*, Upper Saddle River,
NJ: Prentice-Hall, 1999.

46 Peter W. Price, *Evolutionary Biology of Parasites*, Princeton: Princeton
University Press, 1980.

자는 종종 공진화 관계에 놓인다. 기생자 중에도 여러 종의 기주생물들을 공략할 수 있는 이른바 일반자generalist가 있는가 하면 한 종의 기주만을 전문적으로 공략하는 특수자specialist가 있다. 일반자보다는 특수자 기생생물이 대체로 훨씬 더 긴밀한 공진화 관계를 갖는다. 기생이 비교적 최근에 진화한 현상이다 보니 아직 기생생물들이 공략할 수 있는 기주들이 세상에 널려 있다. 그래서 기생생물들은 생태학적으로나 진화적으로 아직 평형 단계에 이르지 못한 채 여전히 역동적인 진화를 거듭하고 있다.

기생충학 르네상스

내가 펜실베이니아주립대학에서 석사를 마친 다음 박사학위를 하러 갈 다른 대학을 찾던 무렵 미시건대학의 해밀턴William D. Hamilton 교수를 방문한 적이 있다. 해밀턴 교수는 다윈 이래 가장 영향력 있는 진화생물학자로 꼽혔지만 불행하게도 2000년 63세로 세상을 떠났다. 그는 1964년 이른바 포괄적합도inclusive fitness의 개념으로 일찍이 다윈이 풀지 못했던 사회행동 또는 이타주의altruism의 진화를 설명하여 진화생물학의 새로운 시대를 열었다.[47] 나는 1983년 1월 거의 일주일 동안 해밀턴 교수님 댁에 머물며 앞으로 제자로서 연구하고 싶은 주제에 대해 많은 얘기를 나눴다.

　　나는 그 당시 이미 '해밀턴의 법칙Hamilton's rule'[48]이라 불렸던 그의 이론에 대해 많은 질문을 했다. 또한 그 이론을 바탕

47　William D. Hamilton, 'The genetical evolution of social behaviour I, II', *Journal of Theoretical Biology* 7, 1964, pp. 1~52.

48　이른바 rB>C라는 지극히 단순한 공식으로 알려진 해밀턴의 법칙은 이타적인 행동으로 인해 얻을 수 있는 적응적 이득(B, benefit)에 유전적 근친도(r, genetic relatedness)를 곱한 값이 그런 행동을 하는 데 드는 비용(C, cost)보다 크기만 하면 그 행동은 진화한다고 설명한다. 따라서 유전적으로 가까운 사이일수록 당연히 이타적인 행동이 진화할 가능성이 높다.

으로 하여 내가 구상한 몇 가지 실험계획에 대해서도 많은 조언을 구했다. 이해할 수 없을 정도로 수줍음이 많은 분이었지만 그는 내 질문에 일일이 친절하게 답해주었다. 다만 내 질문에 답을 하면서도 그는 틈만 나면 내 석사학위 논문에 대해 정말 많은 질문을 쏟아냈다. 처음에는 나에 대한 예의려니 생각했는데 차츰 나는 그가 기생자 생태와 행동에 엄청나게 큰 관심을 갖고 있다는 사실을 알게 되었다. 일주일간의 방문을 마치고 작별 인사를 하는 내 손에 그는 논문 한 편을 쥐여주었다. 그 논문과 그가 그 전해에 발표한 또 한 편의 논문[49]은 훗날 기생자 연구에 새로운 시대를 연 중요한 논문이었다.

우리나라의 의과대학들은 지금도 겪고 있는 일이지만, 그 당시에는 선진국에서도 한때 상당히 활발했던 의과대학의 기생충학 교실들이 규모나 선호도에서 하락세를 면치 못하고 있었다. 후진국에서는 여전히 기생충에 의한 질병이 심각했지만 대부분의 선진국들에서는 더 이상 문제가 되지 않았기 때문에 기생충학 분야가 서서히 축소되는 것은 어쩌면 자연스러운 일

49 William D. Hamilton, P. A. Henderson, and N. Moran, 'Fluctuation of environment and coevolved antagonist polymorphism as factors in the maintenance of sex', In R. D. Alexander and D. W. Tinkle (eds.), *Natural Selection and Social Behavior: Recent Research and Theory*, New York: Chiron Press, 1981; William D. Hamilton and M. Zuk. 'Heritable true fitness and bright birds: A role for parasites?', *Science* 218, 1982, pp. 384~387.

이었는지도 모른다. 그러나 해밀턴의 논문들로 기생충학은 지금 화려한 르네상스를 맞고 있다. 해밀턴은 기생충, 좀 더 정확히 말해서 병원균 등을 포함한 넓은 의미의 기생자들이 이 지구 생물계에 성sex을 탄생시킨 원인이라고 설명했다. 대체로 기주에 비해 세대가 훨씬 짧은 기생자들은 그만큼 자주 새로운 유전자 조합을 만들 수 있다. 다시 말하면, 손쉽게 새로운 무기를 만들어 끊임없이 기주들을 공격할 수 있다는 것이다. 바로 이런 기생자의 공격에 대응하기 위해 기주생물들은 성을 통하여 유전자를 섞음으로써 마찬가지로 전혀 새로운 유전자 조합을 창조해낼 수 있게 된 것이다. 해밀턴은 또 수컷들의 화려한 이차성징들도 기생자에 대한 강한 면역력을 과시하는 수단으로 진화했다고 설명했다.

지금 세계 유수의 대학에서 진화생물학 분야로 박사학위를 하고 있는 대학원생들의 절대 다수가 기생자 생태학 또는 유전학을 연구하고 있다. 한때 징그럽고 주변 주제에 지나지 않던 분야였던 기생생물학이 생물학의 중심에 우뚝 서게 되었다. 이 같은 추세에는 해밀턴이 지적한 성의 진화와 기생자의 관계가 기폭제 역할을 했지만, 앞에서도 언급한 바와 같이 기생이 비교적 최근에 나타난 생활 방식이라는 인식도 중요한 요인으로 작용했다. 진화의 속도가 가장 빠른 기생생물들은 여러 가지 진화의 메커니즘들을 밝히고 검증하는 데 대단히 훌륭한 실험재료가 된다. 몇 년 전부터 거의 해마다 어김없이 발생하는 조류독감, 사스SARS, 에이즈 등의 전염성 질병들을 일으키는 바이러스가 매번 신종이라는 보도만 보더라도 기생자들의 유전적 변이가 얼마나 빠른 속도로 일어나고 있는지 짐작할 수 있을 것이다.

나는 결국 해밀턴 교수를 사사하지 못했다. 어쩌면 미시건대학을 떠나 영국으로 돌아갈지도 모른다는 그의 말에 보다 안전한 하버드대학을 택했다. 내가 만일 그때 해밀턴 교수의 뒤를 따랐다면 지금쯤 나는 전형적인 동물행동학자라기보다 어쩌면 기생충학자가 되어 있을지도 모른다. 그렇다고 내가 동물행동학을 전공한 것을 후회한다는 뜻은 아니다. 다만 기생충학의 르네상스에 동참하지 못한 것이 못내 아쉬울 뿐이다. 언젠가 기회가 닿으면 다시 기생충을 들여다보고 싶다. 그리고 그 옛날 석사학위 논문 발표회에서 그랬듯이 다시 한 번 기생충 사진을 스크린 가득 펼쳐 놓고 "정말 아름답지 않습니까?"라며 뽐내고 싶다.

4

공생: 손을 잡아야 살아남는다

개미의 공생 전략

공생을 생각하며 사람들이 제일 먼저 떠올리는 예는 아마 개미와 진딧물일 것이다. 개미는 딱정벌레와 풀잠자리의 애벌레 등으로부터 진딧물을 보호해주는 대가로 진딧물이 식물의 즙을 빨아들여 가공한 단물을 제공받는다. 개미는 진딧물 외에도 뿔매미, 멸구 등 매우 다양한 곤충들과 공생관계를 맺고 산다. 그런가 하면 식물과도 공생한다. 중남미 열대에 서식하는 쇠뿔아카시아_bullhorn acacia_는 온대지방의 아카시아에 비해 가시가 상당히 커서 수도머멕스개미_Pseudomyrmex_가 그 속을 비우고 그 안에 산다. 쇠뿔아카시아는 이처럼 수도머멕스개미에게 집을 마련해줄 뿐 아니라 영양분이 골고루 들어 있는 먹이도 제공한다. 꽃을 피우는 현화식물은 대부분 꽃 안에 꿀샘을 가지고 있다. 꽃가루받이를 해주는 벌, 나비, 새, 박쥐 등에게 보답하기 위해 단물을 담아두는 곳이다. 그런데 상당수의 식물이 꽃 밖에도 꿀샘을 갖고 있다. '꽃안 꿀샘'이 꽃가루받이를 해주는 다양한 동물들을 위해 마련된 것인데 비해 '꽃밖 꿀샘'은 오로지 개미를 위해 만들어진 기관이다. 꽃밖 꿀샘에서 단물을 채취하기 위해 개미들이 그 식물에 오르내리기 시작하면 그 어떤 초식동물도 얼씬거리지 못한다. 나는 내 책 『개미제국의 발견』에서 꽃밖 꿀샘을 가진 식물과 개미의 공생관계를 보디가드 산업에 비유했다. 쇠뿔아카시아는 꽃밖 꿀샘에 단물을 담아두는 것은 물론 소엽小葉의 끝에 벨트체Beltian body라는 단백질이 풍부한 영양물질을 분비해 매달아 놓는다. 그러니까 쇠뿔아카시아는 단물에는 탄수화물을, 벨트체에는 단백질을 담아 상당히 고른 영양식단을 수도머멕스개미에게 제공하는 것이다. 집과 영양분을 골고루 제공받은 개미는 그 보답으로 쇠뿔아카시아를 모든 초식동물로부터 보호한다. 초식곤충은 말할 나위도 없고 소와 말 같은 큰 초식동물조차도 쇠뿔아카시아 근처에 얼씬도 하지 못한다. 초식동물뿐 아니라 쇠뿔아카시아에 가까이 접근해 뿌리를 내리는 식물도 모두 제거함으로써 쇠뿔아카시아 홀로 충분한 물을 섭취하고 햇빛도 가장 많이 받을 수 있게 하여, 열대우림에서 제일 먼저 숲고스락canopy(숲의 나뭇가지들이 지붕 모양으로 우거진 부분)에 다다를 수 있도록 도와준다.

1980년대 내내 코스타리카의 고산지대 몬테베르데Monteverde에서 내가 연구한 아즈텍개미와 트럼핏나무도 흡사한 동맹관계를 맺고 산다. 트럼핏나무는 대나무처럼 줄기 속이 비어 있다. 학자들의 연구에 따르면 트럼핏나무의 속이 비어 있는 까닭은 거의 확실하게 아즈텍개미에게 집을 제공하기 위함이다. 트럼핏나무가 어릴 때, 혼인비행을 마친 여왕개미는 나무가 미리 마련해둔 비교적 두께가 얇은 줄기 부분을 뚫고 들어가 새로운 군락을 건립한다. 트럼핏나무도 쇠뿔아카시아와 마찬가지로 잎자루에 단백질이 풍부하게 함유되어 있는 뮬러

그림 6 중남미에 서식하는 쇠뿔아카시아는 온대지방의 아카시아에 비해 가시가 상당히 커서 개미가 속을 비우고 그 안에 산다.

그림 7 쇠뿔아카시아에 달린 벨트체를 수확하고 있는 수도머멕스개미.

체를 분비하여 매달아 놓는다. 집과 먹이를 제공받는 대신 아즈텍개미는 트럼펫나무를 공격하는 모든 초식동물들을 제거한다.

그런가 하면 개미가 씨를 옮겨주지 않으면 새로운 서식지를 찾을 수조차 없는 식물들도 수두룩하다. 우리 산하 곳곳에 봄부터 여름에 걸쳐 노란 꽃을 피우는 애기똥풀*Chelidonium majus L. var. asiaticum (Hara) Ohwi*이 대표적인 개미식물이다. 애기똥풀과 같이 씨의 분산을 개미에게 의존하는 식물에는 개미에게 필요한 지방 성분을 듬뿍 함유한 '개미씨밥elaiosome'이라는 부분이 달려 있다. 개미는 이런 씨앗들을 수확하여 개미씨밥 부분만 떼어 먹고 씨방은 건드리지 않은 채 그들의 텃밭에 뿌린다. 개미씨밥은 지금까지 1만 1000종의 식물에서 발견되었다. 이는 속씨식물 전체의 4.5%에 해당한다. 흥미롭게도 개미씨밥은 최근 8000만 년 동안에 진화한 식물에서만 발견된다. 지구 생명의 역사에 비할 때 비교적 최근에 나타난 동맹 현상인 셈이다.

개미는 이 세상에서 가장 성공한 동물 중의 하나이다. 어느 곤충학자의 추산에 따르면 지구에는 줄잡아 100경(10^{18}) 마리의 곤충이 살고 있는데, 그중에서 적어도 1%는 개미일 것이란다. 그렇다면 지구상에 적어도 1경(10^{16}) 마리의 개미가 살고 있다는 것이다. 이 같은 어마어마한 성공의 비결 중에는 개미의 다양한 공생 전략이 중요하게 자리하고 있을 것으로 믿는다.

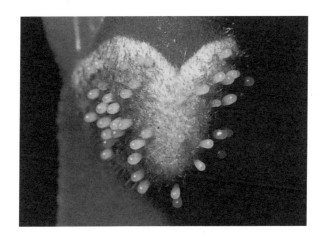

그림 8　트럼핏나무가 아즈텍개미들에게 먹이로 제공하는 뮬러체.

상생과 공생

흥미롭게도 언제부터인가 부쩍 '상생相生'이란 말이 세상에 많이 돌아다닌다. 요즘 일간신문의 정치나 경제면에는 사흘이 멀다 하고 이 말이 등장한다. 왜 갑자기 상생인가. 생태학에서는 이미 오래전부터 서로 돕고 사는 생물들의 관계를 '공생共生'이라는 용어로 표현해왔다. 우리 주변에서 요즘 많이 쓰고 있는 상생의 개념은 바로 이 공생의 개념과 조금도 다르지 않은 것 같다. 다만 누군가가 '공생' 대신 '상생'을 처음 쓰기 시작한 뒤 다들 별생각 없이 따라 하고 있는 것 같다.

멀쩡히 공생이란 단어가 있고 그 개념도 뚜렷한데 왜 갑자기 상생이란 말이 튀어나왔는가 궁금하여 그 정확한 뜻을 찾아보았다. 그리 어렵지 않게 상생이란 본래 '상극相剋'의 반대 개념으로 금金에서는 물水이, 물에서는 나무木가, 나무에서는 불火이, 불에서는 흙土이, 흙에서는 금이 나는 오행五行의 운행을 설명하는 말이라는 것을 알게 되었다. 물론 넓게 보면 서로 통하는 개념일 수도 있겠지만, 공생 즉 서로 돕고 산다는 뜻과는 약간 거리가 있는 듯싶다. 정부는 자꾸 대기업더러 중소기업과 상생하라는데, 내 귀에는 그게 대기업에서 중소기업이 나오라는 것처럼 들린다. 실제로 지금 대기업들이 중소기업이 하던 사업들까지 손을 대어 사태를 더욱 악화시키고 있는데 정부가 정확하게 그걸 부추기는 발언을 하는 것 같아 듣기 거북하다.

　사람들은 '자연' 하면 흔히 약육강식 또는 적자생존 등의 표현을 떠올린다. 이 표현들은 생명현상에 대해 가장 포괄적이고 합리적인 설명을 제공한 다윈의 진화론에서 나온 개념들이라고 알려져 있다. 먹고 먹히는 것이 자연의 섭리이고 보면 남보다 월등해야 살아남을 수 있는 곳이 이 세상이라는 걸 부인할 수는 없지만, 다윈은 사실 이런 표현들을 그리 즐겨 사용하지 않았다는 사실에 주목할 필요가 있다. 이들은 모두 다윈의 이론을 세상에 널리 전파하기 위해 그의 '성전'을 끼고 세상으로 뛰쳐나간 '전도사'들이 만들어낸 용어들이다. 다윈의 이론에 이 같은 개념들이 중요한 부분을 차지하는 것은 사실이나 그것이 전부가 아니었기에, 다윈 자신은 그런 용어들을 자주 사용하지 않은 것이다.

　자연의 모습을 가장 가까운 곳에서 관찰하는 생태학자들조차도 얼마 전까지는 이런 다윈의 깊은 뜻을 이해하지 못했다. 자연계의 모든 것이 경쟁에 의해 결정된다고 믿었고, 다른 종과의 경쟁에서 이긴 종들만이 오늘날 이 지구에 살아남은 것으로 이해했다. 실제로 1980년대 초반 미국에서 나온 한 통계에 의하면 그 당시까지 생태학자들은 대개 생물들의 경쟁관계에 대하여 연구하고 있었다. 특히 남성 생태학자들에게 그런 경향이 더욱 두드러졌다. 남성 생태학자들의 거의 95%가 죄다 자연계의 치열한 경쟁을 연구주제로 삼고 있었다. 그런가 하면 여성 생태학자들은 거의 절반 가까이가 이미 공생에 관한 연구를 하고 있었다.

그러나 20여 년이 지난 오늘날 생태학 연구의 추세는 엄청나게 달라졌다. 자연계의 생물들에게 경쟁은 피할 수 없는 현실이지만 무조건 남을 제거하는 것만이 경쟁에서 이기는 방법이 아니라는 것을 발견했다. 그러고 나서 자연계를 둘러보니 무모한 전면 경쟁을 통해 살아남은 생물들보다 일찍이 남과 더불어 사는 지혜를 터득한 생물들이 우리 곁에 훨씬 더 많다는 사실을 깨닫게 되었다. 남성 생태학자들에게는 또 하나의 깨달음이 더 있었다. 여성 생태학자들의 선견지명에 아낌없는 찬사와 함께 고개를 숙여야 했던 것이다.

이 지구 생태계에서 생물중량이 가장 으뜸인 것은 단연 식물이다. 그것도 꽃을 피우는 식물 즉 현화식물이다. 이 세상의 동물들을 다 한데 모아도 식물의 무게에 비할 바가 아니다. 그렇다면 이 지구 생태계에서 개체 수 면에서 가장 성공한 생물 집단은 누구인가? 바로 곤충들이다. 한곳에 뿌리를 내리고 스스로 움직여 다닐 수 없는 식물을 위해 곤충은 대신 꽃가루를 날라주고 그 대가로 식물로부터 꿀을 얻는다. 이 지구 생태계에서 수와 무게로 가장 막강한 두 생물집단들이 서로 물고 뜯는 경쟁이 아니라 함께 손을 잡아 성공했다는 사실은 우리네 삶에도 엄청난 함의를 갖는다. 무차별적 경쟁보다 공생이 더 큰 힘을 발휘한다는 결정적인 증거이다. 경쟁관계에 있는 생물들이 기껏해야 영합zero-sum 게임 속에 파묻혀 있는데 비해 공생을 실천하는 생물들은 그 한계를 넘어 더 큰 발전을 할 수 있다.

공생과 멸종

2002년 내가 우리나라의 대표적인 문예지인 『현대문학』에 연재한 글들을 묶은 책 『열대예찬』에는 나름 문학적 상상력을 총동원하여 특별한 장례식장 두 곳에 관해 쓴 글이 하나 있다. 개미와 인간의 장례식에 관한 글인데 이곳에 다시 옮겨 적으면 대충 다음과 같다.

　개미의 장례식은 아침부터 그야말로 '인산인해'였다. 그동안 개미와 온갖 공생관계를 맺고 있던 그 수많은 생물들이 만드는 애도의 행렬이 그 끝을 가늠하기 어려웠다. 그들은 모두 한결같이 개미가 없는 세상을 어떻게 홀로 살아갈 수 있을까 두려워하고 있었다. 그에 비하면 인간의 장례식장에는 속된 말로 "개미 새끼 한 마리 찾아보기 어려웠다." 제일 먼저 인간 빈소를 찾아온 것은 바퀴벌레였다. 인간 덕택에 잘 먹고 잘 살았지만 이젠 할 수 없이 숲속으로 다시 돌아가야 할 그들의 어깨는 마냥 무거워 보였다. 바퀴벌레들이 떠난 얼마 후 쥐들이 다녀갔고, 간간이 이, 빈대, 벼룩들이 의무적으로 나타나 봉투를 던지곤 사라졌다. 유사 이래 가장 엄청난 장난을 쳤던 인간의 서거를 진심으로 애석해하는 생물은 별로 없어 보였다. 이제 드디어 이 지구에 독재의 시대가 물러가고 또다시 평화가 스며드는 듯싶었다.

그러다가 어둑어둑 땅거미가 깔릴 무렵 홀연 소떼들이 밀려들기 시작했다. 아, 그래, 인간이 아니었다면 그들이 그 둔한 동작으로 또 그리 명석하지도 않은 머리로 어떻게 그만한 성공을 거둘 수 있었겠는가. 인간들이 오죽 많이 길러줬으면 지구온난화가 그들의 방귀에 섞여 나오는 메탄가스 때문에 생길지도 모른다는 학설이 점잖은 과학 학술지에 발표가 될까. 그들은 정말 바퀴벌레 못지않게 서러워했다. 그러고 있는데 뒤늦게 소식을 들은 벼와 밀, 보리들이 헐레벌떡 들이닥쳤다. 그들 역시 인간 덕을 톡톡히 본 이들이다. 인간이 농사를 짓기 시작하기 전까지, 그러니까 불과 1만 년 전까지만 해도 그들은 저 들판 구석에서 말없이 피고 지던 한낱 잡초에 지나지 않았다. 그러던 그들이 오늘날 이 지구 표면을 가장 넓게 뒤덮게 된 것은 오로지 인간을 만난 행운 덕이었다.

우리 인간이 전혀 공생의 지혜를 터득하지 못한 동물처럼 살아가고 있다는 것은 실로 엄청난 아이러니다. 규모로 보아 우리 인간만큼 훌륭하게 공생의 삶을 살아온 동물이 없건만 오늘 우리는 왜 자연의 품을 떠나 자연을 짓밟으며 살고 있는 것일까? 한편으로는 그 누구보다도 철저하게 자연과 어우르며 살고 있으면서 다른 편으로는 전혀 그런 사실조차 모르는 듯 어리석은 짓을 하고 살고 있다. 아무리 유명한 사람의 장례식이라도 어느 정도는 날씨의 영향을 받는다지만, 나는 우리 빈소에 개미 빈소 못지않게 많은 문상객들이 왔으면 좋겠다. 그러자면 살아 있을 때 남들에게 잘해야 한다. 그러다 보면 그들 중 누구는 우리더러 장례식 비용도 만만치 않은데 그냥 더 살지 그러냐고 할지도 모를 일이다.

　개미가 멸종하면 그와 공생관계를 맺고 있던 많은 동식물들이 줄줄이 멸종의 위기에 직면하게 된다. 바로 이 같은 공생−동반멸종mutualism coextinction이 최근 보전생물학에서 중요한 문제로 떠올랐다. 진화의 역사를 거치면서 서로 치밀한 공생관계를 맺으며 엄청난 생물다양성을 이룩한 것은 매우 다행한 일이지만, 이제 전례 없는 환경 파괴로 인해 그들이 멸종의 길을 걷게 되면서 공생이 동반멸종의 빌미를 제공하게 되었다. 하지만 이는 우리가 공생관계를 잘 이용하면 멸종 위기에 놓인 생물을 복원하는 방안을 찾을 수 있음을 의미하기도 한다. 그 좋은 예를 하나 여기 소개한다.

　몇 년 전 한국동물학회가 저명한 영국의 개미학자 엠즈George Elmes를 초청한 일이 있다. 그는 우선 영국 나비동호인협회에 감사한다는 말로 강연을 시작했다. 영국에는 나비를 사랑하는 이들이 워낙 많아 제아무리 난다 긴다 하는 정치인이라도 그들이 조직한 동호인협회에 와서 절을 하지 않으면 표를 모을 수 없다고 한다. 나비동호인협회의 도움으로 당선된 의원들이 나비를 보호하는 법안에 손을 들 것은 너무도 당연한 일이리라.

　그렇게 해서 절멸 위기에 놓인 부전나비 한 종을 보호하기 위하여 적지 않은 예산이 책정되었다. 많은 환경보호운동들이 그렇듯이 그들도 그 부전나비의 서식지를 몽땅 사들인 후 말

뚝을 삥 둘러 박고는 자축의 술잔을 높이 치켜들었다. 그러나 그들의 기대와는 달리 부전나비의 수는 오히려 더 빨리 줄어들었다. 그래서 뒤늦게나마 부전나비의 생태를 연구하기로 했다. 부전나비가 개미와 공생한다는 사실을 알고 엠즈에게 연구비가 주어졌다. 그 부전나비의 애벌레는 개미가 개미굴로 데리고 들어와 키워줘야만 나비가 될 수 있다.

연구결과는 의외로 간단했다. 부전나비의 서식지에는 두 종의 개미들이 함께 살고 있었다. 이들 중에 부전나비를 데려다 키워주는 개미는 실내온도가 좀 높게 유지돼야 발육도 잘 되고 군락이 제대로 성장하는 반면, 다른 종은 좀 서늘한 실내온도를 선호한다. 그런데 부전나비를 보호한답시고 아무도 들어오지 못하게 하니 풀이 너무 자라 개미굴로 햇볕이 잘 들지 않게 되었고, 이 때문에 부전나비의 의붓부모 노릇을 하는 개미들은 상대적으로 잘 자라지 못한다는 사실이 관찰되었다. 그래서 처방 역시 간단했다. 부전나비 보호구역에 동네 사람들이 기르는 소나 말들을 풀어놓을 수 있도록 허락했더니 풀이 짧아지며 개미굴의 온도도 상승하기 시작했다. 나비와 개미는 물론 주민들까지 함께 승리하는 그야말로 환경친화적이며 생산적인 해결책을 찾아낸 것이다.

공생의 진화

미국에서 교편을 잡다가 서울대학교로 부임한 1990년대 중반 어느 날 아들과 함께 여의도 63빌딩 지하에 있는 수족관을 찾았다. 그 아담한 수족관에는 산호초 생태계가 비교적 잘 구현되어 있었고, 거기에는 뜻밖에도 청소부 물고기가 살고 있었다. 물고기는 우리처럼 칫솔을 사용하여 양치질을 하거나 치실로 치아 사이에 낀 음식물 찌꺼기를 제거할 수 없다. 그래서 그들 중 몇몇은 청소부 물고기의 도움을 받아 구강 건강을 챙긴다. 산호초 어느 특정한 지역에 오면 작은 물고기가 고유한 춤을 추며 다가온다. 서로를 알아보게 된 뒤에는 큰 물고기는 입을 벌리고 작은 물고기는 그 입 안으로 들어가 구강 청소를 시작한다. 이런 생물학적 지식을 갖고 있는 사람이라면 모를까, 큰 물고기가 한껏 벌리고 있는 입 안에서 작은 물고기 한 마리가 유유하게 이곳저곳을 훑고 다니는 모습을 처음 보는 사람은 의아하기 짝이 없을 것이다.

이들의 공생 계약이 처음 맺어질 무렵에 일어났을 법한 시나리오를 상상해보자. 여느 날과 마찬가지로 청소부 물고기의 서비스를 즐기고 있는데 그날따라 하루 종일 별로 먹은 게 없어 매우 시장했다고 하자. 벌리고 있는 입 안에서 이리저리 돌아다니고 있는 청소부 물고기는 그야말로 '독 안에 든 쥐' 격이다. 그냥 입만 다물면 대충 허기진 배를 채울 수 있다. 그래서 눈 딱 감고 그 작은 물고기를 삼켜 그날 저녁을 해결했다. 도둑질도 한 번 하기 어렵지 일단 하기 시작하면 그리 어렵지 않게 계속하게 된다. 자기도 모르게 나쁜 버릇이 든 이 물고기는 얼마 후 정말 입 안이 텁텁해진다. 하지만 청소부 물고기의 구역에 찾아와 아무리 입을 벌리고 기다려도 아무도 찾아오지 않을 것이다. 당장 눈앞의 이득에 눈이 멀어 손쉽게 식사 문제를 해결한 물고기와 그 같은 욕망을 자제하고 오랫동안 청소부 물고기의 서비스를 제공받는 물고기의 적합도를 비교할 때, 후자의 적합도가 더 높았기 때문에 공생관계가 진화한 것이다.

공생이나 공조의 관계가 시작되었다 하더라도 확립되어 굳어지기 쉽지 않은 까닭은 바로 이런 관계가 신뢰를 바탕으로 이뤄져야 하기 때문이다. 청소부 물고기의 구역에는 종종 그들과 겉모습이 매우 비슷한 물고기들이 공존한다. 이들은 청소부 물고기와 흡사한 춤을 추며 서비스를 받으러 찾아온 물고기를 속여 부당한 이득을 취한다. 평소처럼 청소부 물고기가 다가오는 줄 알고 입을 벌린 채 몸을 맡기면 이 사기꾼 물고기는 순식간에 무방비 상태의 물고기로부터 큼지막한 살점을 떼어 물고 달아난다. 이런 사기꾼들 때문에 서비스를 받으러 온 물고기와 청소부 물고기 사이에는 매우 정교한 의사소통 메커니즘이 진화했다. 물론 사기꾼 물고기 역시 그 신호체계를 해독하여 흉내내려는 진화를 거듭하고 있지만.

개미, 벌, 흰개미를 흔히 사회성 곤충social insect이라고 부른다. 이들 중 개미와 벌은 모두 막시목Hymenoptera에 속하며 단수배수체haplodiploidy라는 독특한 성결정 메커니즘sex determining mechanism을 가지고 있다. 즉 암컷은 우리 인간처럼 염색체를 쌍으로 갖고 있는 배수체diploidy이지만 수컷은 한 벌의 염색체만 갖고 있다. 인간의 경우 23쌍의 염색체를 갖고 있으니까, 만일 인간이 막시목 곤충이라면 여성은 46개의 염색체를 지니는 반면, 남성은 23개만 갖고 있다는 말이다. 그런데 흰개미는 우리와 마찬가지로 배수체 생물이다. 해밀턴의 법칙은 단수배수성의 막시목 사회성 곤충의 진화는 잘 설명하지만 우리 인간과 마찬가지로 배수체 성결정 메커니즘을 갖고 있는 흰개미의 사회성 진화를 설명하는 데는 다소 어려움을 겪는다. 그래서 사회생물학자들은 반드시 유전적인 이유뿐 아니라 생태적 조건들을 검토한다.

흰개미가 사회를 구성하고 살아야 하는 이유 중의 하나로 학자들은 흰개미 장내에 살고 있는 공생균의 역할을 꼽는다. 주로 나무를 갉아먹고 사는 흰개미이지만 사실 나무의 주성분인 셀룰로오스는 소화시킬 능력이 없다. 그래서 장내에 특정한 원생동물과 박테리아를 들여 그들에게 서식 공간을 제공하는 대신 그들의 도움으로 셀룰로오스를 소화할 수 있게 되었다. 그러나 흰개미는 곤충이기 때문에 종종 탈피를 하게 되는데, 장내 공간은 사실 입에서 항문에 이르는 체외 공간이라서 탈피와 함께 공생균도 모두 빠져나간다. 그래서 흰개미들은 함께 모여 살며 수시로 새로운 공생균을 보급받아야 한다. 공생이 사회성이라는 삶의 패턴을 결정하는 역할을 하는 것이다.

공생이 진화의 역사에 기여한 것은 이 정도에 그치는 게 아니다. 오늘날 지구 생태계에서 가장 막강한 존재들인 다세포생물multi-cellular organism은 모두 초기 공생의 결과로 진화한 생물들이다. 진화생물학자 마굴리스Lynn Margulis에 의해 정립된 공생진화 이론endosymbiotic theory에 따르면, 현재 다세포생물의 몸을 이루고 있는 세포 내에 존재하는 미토콘드리아와 엽록체 같은 세포소기관organelle들은 원래 독립적인 박테리아였는데 어느 순간부터 세포질이 특별히 풍부한 다른 박테리아 속으로 진입하여 공생하게 되었다는 것이다. 태초의 생명의 늪에 서식하던 단세포생물들의 생존경쟁 과정에서 언제나 공평한 협정이 이뤄졌는지 아니면 일방적으로 합병당했는지는 알 수 없지만, 결과적으로 볼 때 손을 잡은 세포들이 경쟁에서 살아남아 오늘의 생물다양성을 일군 것이다.

기원전 1세기 로마의 시인 베르길리우스Vergilius는 "더불어 비겁함이 우리를 평화롭게 한다"고 했다. 힘의 우위가 뚜렷한 사회도 겉으로 보기에는 평화로워 보인다. 하지만 그 속에는 언제든지 틈만 보이면 뚫고 나가려는 분노의 용암이 들끓고 있다. 서로 상대를 적당히 두려워하는 상태가 서로에게 예의를 갖추며 평화를 유지할 수 있게 만든다. 우리 인간은 무슨 까닭인지 자꾸만 이 같은 힘의 균형을 깨고 홀로 거머쥐려는 속내를 내보인다. 그러나 내가 그동안 관찰해온 자연은 그렇지 않은 것 같다. 우리가 자연으로부터 배울 게 있다면, 나는 이 약간의 비겁함을 제일 먼저 배워야 한다고 생각한다.

5

호모 사피엔스에서
호모 심비우스로

인류의 위기를 마주하며

아무도 과학이 우리 인간의 삶을 기대 이상으로 풍요롭게 해주었다는 사실을 부인할 수는 없을 것이다. 현대 사회의 중년층이 누리는 삶의 수준은 과거의 왕족의 수준을 훨씬 능가한다. 하지만 과학 발전이 너무나 자주 우리를 두렵게 만드는 것도 역시 부인할 수 없다. 인간의 역사를 돌이켜볼 때 새롭게 발견된 과학 지식이 당대의 가치관을 위협했던 일은 얼마든지 있었다. 예를 들어, 코페르니쿠스, 뷜러, 다윈, 그리고 아인슈타인의 발견은 모두 우리의 관점에 엄청난 변화를 요구했다. 생명과학은 현재 가공할 속도로 발달하며 우리 인류에게 일찍이 겪어보지 못한 큰 도전을 던져주고 있다. 인간의 정체성 자체가 그 근본부터 도전받고 있다.

제국주의적 자본주의에 의한 무차별적 세계화와 그에 따른 국가 간 빈부 격차는 끝내 자살 테러로 폭발하고 있다. 자본주의 자체가 문제가 되는 것은 아니다. 자본주의적 행동은 어쩌면 인간의 자연스런 행동인지도 모른다. 개미와 벌과 같은 사회성 곤충들도 부를 축적한다. 그들의 사회정치체제는 적어도 우리가 알고 있는 의미의 민주주의는 아니라는 데 차이가 있을 뿐이다. 그들은 다분히 전체주의적인 체제를 갖고 있다. 표면적으로는 여왕개미 혹은 여왕벌이 사회의 중심이며 모든 사회경제적 활동의 유일한 수혜자처럼 보인다. 그러나 좀 더 면밀히 들여다보면 그들의 부는 그 사회구성원 전부 또는 적어도 절대 다수에게 고르게 분배된다. 우리도 지금 우리가 채택하고 있는 것보다 더 포괄적인 경제체제를 구축할 필요가 있다.

　우리는 또한 우리 자신의 생존마저 위협하는 전례 없는 환경 위기를 맞고 있다. 그렇다고 해서 우리가 다른 어느 누구를 원망할 수도 없다. 대부분의 죄악은 우리 스스로 저지른 것이기 때문이다. 나는 우리 인간이 반드시 멸종할 것이라는 사실을 추호도 의심하지 않는다. 종말론을 앞세워 신도나 끌어모으려는 사이비 종교의 교조를 흉내내려는 것은 아니다. 다만 이 지구에 한 번이라도 존재했다가 사라진 생물이 전체의 90 내지 99%에 달한다는 고생물학자들의 통계에 비춰 냉정하고 어찌 보면 지극히 당연한 결론을 내릴 뿐이다. 우리라고 무슨 뾰족한 수가 있어 영생할 수 있겠는가? 현생인류가 지구에 등장한 것은 지금으로부터 대략 15~25만 년 전으로 추정한다. 겨우 100년도 살지 못하는 개인에게는 분명 긴 시간이다. 그러나 지구의 나이인 46억 년에 비하면 그야말로 눈 깜짝할 시간에 지나지 않는다. 우리 인간이 지금까지 살아온 만큼 살 수 있을까? 나는 결코 자신할 수 있는 문제가 아니라고 생각한다. 우리는 아마 순간에 태어나 순간에 사라진 동물로 기록되고 말 것이다. 나는 우리가 사라지고 난 후 이 지구를 호령할 또다른 지성적인 동물들이 우리를 가리켜 '짧고 굵게 살다 간 동물'이라고 부를 것이라고 생각한다. 그리고 스스로 갈 길을 재촉한 무척이나 '어리석은' 동물이었다고.

몇 년 전 한 미술관에서 사이버 공간에 새로운 미래세계를 그려보는 색다른 기획전을 준비하고 있었는데 참으로 뜻밖에도 자연과학자인 나에게 주제를 구상하는 영광이 주어졌다. 못 이기는 척 승낙한 내게 그리 어렵지 않게 떠오른 주제는 바로 '니치'였다. 구태여 공간의 개념으로 설명하자면 니치는 환경에서 생물이 차지하고 있는 다차원 공간을 뜻한다. 생물은 누구나 환경 속에서 자기만의 독특한 공간, 즉 역할이나 지위를 차지하고 있다. 니치의 개념은 원래 경쟁을 설명하기 위해 만들어졌다. 정확하게 동일한 또는 너무 비슷한 니치를 지닌 두 생물은 절대로 공존할 수 없다는 것이 기본적인 생태계 구성 이론이다. 이른바 '경쟁적 배제 원리'에 따르면 두 생물이 환경에서 추구하는 바가 너무 지나치게 겹치면 함께 살 수 없고 반드시 한 종이 다른 종을 밀어내게 된다. 그래서 지구의 생물들은 그 오랜 진화의 역사를 통해 서로 간의 유사성을 줄여 공존할 수 있도록 변화해왔다. 그 결과가 오늘날 우리 앞에 파노라마처럼 펼쳐져 있는 이 엄청난 생물다양성이다.

자연은 언뜻 생각하기에 모든 것이 경쟁으로만 이루어져 있는 것 같지만 사실 그 속에 사는 생물들은 무수히 많은 다른 방법으로 제가끔 자기 자리를 찾았다. 어떤 생물들은 반드시 남을 잡아먹어야만 살 수 있는 것들이 있는가 하면(포식), 모기처럼 남에게 빌붙어 조금씩 빼앗아 먹어야 하는 것들도 있다(기생). 경쟁관계에 있는 두 생물이 서로에게 동시에 얼마간의 피해를 주는 반면 포식과 기생을 하는 생물은 남에게 피해를 줘야만 자기가 이득을 얻는다.

하지만 자연은 이렇게 꼭 남을 해쳐야만 살아갈 수 있는 곳은 아니게 진화했다. 생물들이 서로 도움으로써 그 주변에서 아직 협동의 아름다움과 힘을 깨닫지 못한 다른 생물들보다 오히려 훨씬 더 잘 살게 된 경우들이 허다하다. 공생 또는 상리공생의 예는 개미와 진딧물, 벌과 꽃(현화식물), 과일(씨를 포장하고 있는 당분)과 과일을 먹고 먼 곳에 가서 배설해주는 동물 등 참으로 다양하다. 그래서 생태학자들도 예전에는 늘 경쟁 즉 '눈에는 눈' 또는 '이에는 이' 식의 미움, 질시, 권모 등이 우리 삶을 지배하는 줄로만 알았지만 이젠 자연도 사랑, 희생, 화해, 평화 등을 품고 있다는 사실을 인식한다. 모두가 팽팽하게 경쟁만 하면서 서로 손해를 보며 사는 사회에서 서로 도우며 함께 잘 사는 방법을 터득한 생물들도 뜻밖에 많다는 것을 발견하게 되었다.

상리공생이 아니더라도 상대에게는 이렇다 할 피해를 주지 않으며 함께 있어 이득을 얻는 경우도 있다. 이를 편리공생이라 부르는데 말미잘과 숨이고기의 관계가 그 한 예다. 말미잘은 숨이고기가 있으나 없으나 별 상관이 없지만 숨이고기는 말미잘의 독성이 있는 촉수 숲에 숨어 보호를 받는다. 또 들판을 거니는 소나 말들 옆에는 백로들이 종종 따라다니는데 그들은 소나 말들이 걸어가며 툭툭 차는 발길에 튀어 오르는 곤충들을 잡아먹고 산다. 인간 못지않게 풍요로운 사회를 구성하고 사는 개미 사회에는 약간은 비정상적인 방법으로 사기를 치며 빌붙어먹는 동물들이 적지 않다. 그들의 사회를 들여다보면 그들의 화학언어를 해독하여 일개미들의 보호를 받으며 버젓이 개미 알과 애벌레를 포식하며 성충으로 자라는 부전나비들이 있다. 그 외에도 개미 군락에 들어와 집과 음식을 제공받고 사는 다양한 곤충들이 있다. 개미는 물론 인간 사회에 들어와 엉거주춤 함께 사는 그 많은 동물들, 또 심지어는 병원균 등도 인간이 그들을 포용할 수 있는 여유가 있기 때문에 함께 살아가고 있는 것이다.

21세기의 새로운 인간상, 호모 심비우스

우리는 우리 자신을 '호모 사피엔스'라고 추켜세운다. '현명한 인류'라고 말이다. 나는 우리가 두뇌회전이 빠른, 대단히 똑똑한 동물이라는 점에는 동의하지만 현명하다는 데에는 결코 동의할 수 없다. 우리가 진정 현명한 인류라면 스스로 자기 집을 불태우는 우는 범하지 말았어야 한다. 우리가 이 지구에 더 오래 살아남고 싶다면 나는 이제 우리가 호모 심비우스로 겸허하게 거듭나야 한다고 생각한다. 호모 심비우스는 동료 인간들은 물론 다른 생물 종들과도 밀접한 관계를 유지한다. 호모 심비우스의 개념은 환경적이기도 하지만 사회적이기도 하다. 호모 심비우스는 다른 생물들과 공존하기를 열망하는 한편 지구촌 모든 사람들과 함께 평화롭게 살기를 원한다.

호모 심비우스(나는 이 개념을 공생을 뜻하는 'symbiosis'에서 착안하여 만들었는데, 이 단어는 '함께with'라는 뜻의 고대 그리스어 'sýn'과 '삶living'이라는 뜻의 'bíosis'라는 말에 뿌리를 두고 있다)의 생물학적 기본은 생태학과 진화생물학에 있지만, 그 개념은 동양과 서양의 고대철학 모두에 깊은 뿌리를 내리고 있다. 아리스토텔레스는 일찍이 우리 인간을 '사회적 동물'이라 일컬었다. 논어論語는 '화이부동和而不同' 즉 '남과 사이좋게 지내지만 무턱대고 한데 어울리지는 아니한다'는 정신을 얘기한다. 공자가 말하기를, "군자는 화이부동하지만, 소인은 정반대로 한다"고 했다. '호모 심비우스'라는 새로운 호칭과 개념은 지난 세기 말부터 새로운 세기는 물론 새로운 밀레니엄을 맞이하는 차원에서 내가 생각해낸 것이다. 그러던 중 2002년 여름 한국생태학회가 제8회 세계생태학대회를 개최할 때 내가 조직위원장을 맡게 됐다. 모두 8명의 세계적인 학자들을 기조강연자들로 모시고 그 강연시리즈의 주제를 '21세기 새로운 생활철학으로서의 생태학—다스림과 의지함Ecology as the New Philosophy of Life in the 21st Century: Stewardship and Dependence'이라고 정하여 공생의 개념을 보다 널리 알리고자 했다. 이때부터 나는 호모 심비우스의 개념을 사뭇 구체적으로 구상하기 시작했다. 그리고 이듬해 1월 16~18일에는 일본 도쿄에서 열린 '신세기문명포럼'에 한국 대표로 초대받아 강연을 하게 되었다. 모리 전 일본 총리가 주관한 이 국제포럼에서 나는 '호모 심비우스—21세기 새로운 인간상Homo symbious: A New Image of Man in the 21st Century'이라는 제목을 가지고 호모 심비우스에 관한 나의 구체적인 생각을 발표했다. 이 강연의 마무리에 나는 호모 심비우스를 실천하는 방안으로 화이부동을 제안했는데, 청중석 제일 앞줄에 앉아 있던 중국과학원 부원장이 특별히 환한 미소로 화답하고 있었다. 왜 그런가 했더니 곧바로 이어진 그의 강연 제목이 바로 다름 아닌 '화이부동'이었다. 마치 짜고 친 듯한 우리 둘의 강연에 감동을 받았는지 모리 총리는 종합논평에서 포럼의 결론 개념으로 호모 심비우스를 채택하고 모두 화이부동을 실천하자고 제안했다.

　나는 환경 관련 대중강연을 자주 한다. 그런 강연 중에는 '두 동굴 이야기A Tale of Two Caves'라는 제목의 강연도 있었다. 물론 1859년 찰스 디킨스가 발표한 소설 『두 도시 이야기A Tale of Two Cities』에서 따온 제목이다. 그 옛날 우리 인류가 동굴에 살던 시절에 사뭇 대조적인 두 동굴 가족에 관한 이야기이다.

　한 가족은 매우 꼬장꼬장한 할머니를 모시고 사는 가족이다. 큰 손자가 한밤중에 용변을 보러 깜깜한 굴 밖으로 나가기 무서워 굴 속 더 깊은 곳으로 가려고 했더니 유난히 잠귀가 밝으신 할머니가 한사코 밖에 나가 누고 오라신다. 그렇게 나갔던 손자는 그날 밤 영영 돌아오지 않았다. 수렵과 채집을 가기에도 시간이 빠듯한데 할머니는 또 툭하면 대청소를 하자고 온 가족을 동원하신다. 주변 환경을 깨끗하게 유지하며 살아야 한다는 것이다. 반면 건너 동굴의 가족은 훨씬 자유분방하게 산다. 용변을 적당히 굴 속 여기저기에 보질 않나 음식 쓰레기도 아무렇게나 버린다. 하지만 이렇게 살면 당장은 편한데 이내 악취와 벌레들 때문에 견디기 어려워진다. 그러나 이 가족은 대청소를 하기보다는 여기저기 뒤져 새로운 동굴을 찾아 이사를 한다. 그 당시 이사라고 해봐야 가구가 있는 것도 아닌 만큼 그냥 온 가족이 이동하기만 하면 되었다.

　자, 이제 이 두 가족 중 어느 가족이 더 잘 살았고 후손도 많이 남겼을지 생각해보자. 당연히 후자일 것이다. 대청소를 하느라 시간을 낭비하지도 않았으니 더 많은 시간을 수렵과 채집에 투자하여 훨씬 더 풍요로운 삶을 살았을 것이다. 바로 이 때문에 나는 윌슨E. O. Wilson의 '생명사랑biophilia' 개념에 동의하기 어려워한다. 그는 우리 인간의 유전자에 자연을 사랑하는 성향이 프로그램되어 있다고 주장한다. 그 누구도 생명을 해치기 좋아하지 않으며 특히 어린 생명을 보면 누구나 귀여워하고 보호하려 한다는 관찰에 기반을 두고 고안한 개념이다. 그러나 나는 우리 인간은 자연계에서 그 누구보다 자연을 제일 잘 이용했기 때문에 오늘날 만물의 영장이 된 것이라고 생각한다. 자연을 그 누구보다도 잘 착취했기 때문에 성공한 것이다. 자연을 아끼고 보호하는 데 시간을 허비한 가족보다 최대한으로 활용한 다음 더 이상 활용가치가 없으면 가차 없이 버리고 새로운 환경을 찾아 떠났던 가족이 훨씬 더 많은 유전자를 후세에 남겼을 것이라고 생각한다. 다만 이제는 더 이상 옮겨갈 동굴이 없다. 하나밖에 없는 지구에서 모두 함께 사는 방도를 찾아야 한다. 그리고 그것은 우리 유전자에 적혀 있는 본능과 같은 게 아니다. 이 지구를 공유하고 사는 다른 모든 생물들과 공생하는 방법을 배워야 한다. 그래서 나는 21세기 새로운 인간상으로 '호모 심비우스'를 제안한다.

다시 한 번 인류 최대의 비극 '홀로코스트'를 반성하면서 길을 모색했던 학자들의 주장을 되새긴다. 설령 과학이 개인들 간의 차이, 그리고 인종 간의 차이를 드러내고 그 차이에 기반한 경쟁이 당연한 귀결이라고 하더라도 인간에게 주어진 조건은 경쟁을 넘어선 협력을 강요한다. 조건이 바뀌면 게임의 법칙도 바뀌는 법. 이제 미래에는 이기적인 인간이 설 곳이 없다. 아니 협력하는 인간만이 살아남을 것이다. 생존 조건이 다시 윤리를 규정하고 그 윤리가 인간의 생존 전략이 된다. 이런 의미에서 공생하는 인간, 호모 심비우스는 크게 한 바퀴를 돌아 현명한 인간, 호모 사피엔스를 만난다.

참고문헌

정기준, '경제학과 생물학, 그리고 생물학과 경제학', 『자연과학』 11, 85~89쪽.

최재천, 『개미제국의 발견』, 사이언스북스, 1999.

____, 『알이 닭을 낳는다』, 도요새, 2001.

____, 『열대예찬』, 현대문학, 2011(개정판).

Bailey, Vernon, 'Destruction of wolves and coyotes: Results obtained during 1907', United States Department of Agriculture, Bureau of Biological Survey, Circular no. 63, 1908.

Barlow, Nora (ed.). *The Autobiography of Charles Darwin.* New York: W. W. Norton & Company, 1958. [이한음 옮김, 『나의 삶은 서서히 진화해왔다: 찰스 다윈 자서전』, 갈라파고스, 2003.]

Caughley, G., G. C. Grigg, Judy Caughley, and G. J. E. Hill, 'Does dingo population control the densities of red kangaroos and emus?', *Australian Wildlife Research* 7, 1980, pp. 1~12.

Choe, Jae C. and Ke Chung Kim, 'Microhabitat selection and coexistence in feather mites (Acari: Analgoidea) on Alaskan seabirds', *Oecologia* 79, 1989, pp. 10~14.

Choe, Jae C. and Dan L. Perlman, 'Social conflict and cooperation among founding queens in ants (Hymenoptera: Formicidae)', In: Jae C. Choe and Bernard J. Crespi (eds.), *The Evolution of Social Behavior in Insects and Arachnids*, Cambridge: Cambridge University Press, 1997.

Connell, Joseph H, 'The influence of interspecific competition and other factors on the distribution of the barnacle', Chthamalus stellatus. *Ecology* 42, 1961, pp. 710~723.

____, 'On the prevalence and relative importance of interspecific competition: evidence from field experiments', *The American Naturalist* 122, 1983, pp. 661~696.

Crooks, Kevin and Michael E. Soulé, 'Mesopredator release and avifaunal extinctions in a fragmented system', *Nature* 400, 1999, pp. 563~566.

Ewald, Paul, W, *Evolution of Infectious Disease*, Oxford: Oxford University Press, 1994.

Gause, G. F., 'Ecology of populations', *Quarterly Review of Biology* 7, 1932, pp. 27~46.

Goodall, Jane and Marc Bekoff, *The Ten Trusts*. San Francisco: Harper Colllins, 2002. [최재천, 이상임 옮김, 『제인 구달의 생명 사랑 십계명』, 바다출판사, 2003.]

Hamilton, William D., 'The genetical evolution of social behaviour. I, II', *Journal of Theoretical Biology* 7, 1964, pp. 1~52.

Hamilton, W. D. and M. Zuk, 'Heritable true fitness and bright birds: A role for parasites?', *Science* 218, 1982, pp. 384~387.

Hamilton, W. D., P. A. Henderson, and N. Moran, 'Fluctuation of environment and coevolved antagonist polymorphism as factors in the maintenance of sex', In R. D. Alexander and D. W. Tinkle (eds.), *Natural Selection and Social Behavior: Recent Research and Theory*, New York: Chiron Press, 1981.

Hardin, Garrett, 'The competitive exclusion principle', *Science* 131, 1960, pp. 1292~1297.

Hölldobler, Bert and Edward O. Wilson, *Journey to the Ants*, Cambridge, Massachusetts: The Belknap Press of Harvard University Press, 1994. [이병훈 옮김, 『개미 세계 여행』, 범양사, 1996.]

Hutchinson, G. Evelyn, 'Homage to Santa Rosalia or why are there so many kinds of animals', *The American Naturalist* 93, 1959, pp. 145~159.

Keddy, Paul A., *Competition*, 2nd edn, Dordrechet, The Netherlands: Kluwer Academic Publishers, 2001.

MacArthur, Robert H. and Edward O. Wilson, *The Theory of Island Biogeography*, Princeton: Princeton University Press, 1967.

Malthus, Thomas, *An Essay on the Principle of Population, as it Affects the Future Improvement of Society with Remarks on the Speculations of Mr. Godwin, M. Condorcet, and Other Writers*, London: J. Johnson, 1798.

Margulis, Lynn, *Symbiotic Planet: A New Look at Evolution*, Basic Books, 1999. [이한음 옮김, 『공생자 행성』, 사이언스북스, 2007.]

Marshall, Alfred, *Principles of Economics: An Introductory Volume*, 8th edn. Macmillan and Co., Ltd, 1920.

Nesse, Randolph M. and George C. Williams, *Why We Get Sick: The New Science of Darwinian Medicine*, New York: Times Books, 1994. [최재천 옮김, 『인간은 왜 병에 걸리는가』, 사이언스북스, 1999.]

Newsome, A., 'The control of vertebrate pests by vertebrate predators', *Trends in Ecology and Evolution 5*, 1990, pp. 187~191.

Paine, Robert T., 'Food web complexity and species diversity', *The American Naturalist 100*, 1966, pp. 65~75.

Park, Thomas, 'Beetles, competition, and populations', *Science 138*, 1962, pp. 1369~1375.

Price, Peter W., *Evolutionary Biology of Parasites*, Princeton: Princeton University Press, 1980.

Quammen, David, *Monster of God: The Man-Eating Predator in the Jungles of History and the Mind*, New York: W. W. Norton and Company, 2003. [이충호 옮김, 『신의 괴물』, 푸른숲, 2004.]

Rasmussen, D. Irvin, 'Biotic communities of Kaibab Plateau, Arizona', *Ecological Monograph* 11, 1941, pp. 229~275.

Raup, David. M., *Extinction: Bad Genes or Bad Luck?*, New York: W. W. Norton, 1992. [장대익, 정재은 옮김, 『멸종: 불량 유전자 탓인가, 불운 때문인가?』, 문학과지성사, 2003.]

Ricklefs, Robert E., *Ecology*. 3rd edn, New York: W. H. Freeman, 1990.

Schoener, Thomas W., 'Field experiments on interspecific competition', *The American Naturalist* 122, 1983, pp. 240~285.

Stiling, Peter, *Ecology: Theories and Applications*, Upper Saddle River, NJ: Prentice-Hall, Inc., 1999.

Travis, Joseph, 'Invader threatens Black, Azov Seas', *Science* 262, 1993, pp. 1336~1337.

Wilson, Edward O, *Biophilia*, Cambridge, Massachusetts: Harvard University Press, 1984. [안소연 옮김, 『바이오필리아』, 사이언스북스, 2010.]

Worster, Donald, *Nature's Economy: A History of Ecological Ideas,* Cambridge: Cambridge University Press, 1977. [강헌, 문순홍 옮김, 『생태학, 그 열림과 닫힘의 역사』, 아카넷, 2002.]

[사진 출처]
최재천, 『개미제국의 발견』, 사이언스북스, 1999.

Jae C. Choe and Ke Chung Kim, 'Microhabitat selection and adaptation of feather mites (Acari: Analgoidea) on murres and kittiwakes', *Canadian Journal of Zoology* 69 (3), 1991, pp. 817~821.

Jae C. Choe and Ke Chung Kim, 'Microhabitat selection and

coexistence in feather mites (Acari: Analgoidea) on Alas-
kan seabirds', *Oecologia* 78, 1989, pp. 10~14.

다윈의 대답

호모 심비우스: 이기적 인간은 살아남을 수 있는가?

최재천
하버드대학 생물학과에서 박사학위를 받았으며,
이화여자대학교 에코과학부 석좌교수로
재직하고 있다. 또한 분과학문의 경계를 넘어
새로운 지식을 만들어내고자 하는 통섭원의
원장이며, 생명다양성재단의 대표를 맡고 있다.

처음 펴낸 날
2011년 12월 5일

2판 2쇄
2022년 7월 22일

지은이
최재천

펴낸이
주일우

편집
김현주 홍원기

디자인
김형재

제작 마케팅
추성욱 이준희

펴낸곳
이음

등록번호
제313-2005-000137호

등록일자
2005년 6월 27일

주소
서울시 마포구 월드컵북로 1길 52
운복빌딩 3층

전화
(02) 3141-6126

팩스
(02) 6455-4207

전자우편
editor@eumbooks.com

홈페이지
www.eumbooks.com

인쇄
삼성인쇄

ISBN
979-11-90944-59-5 03400

값
12,000원

* 잘못된 책은 구입하신 곳에서
바꿔드립니다.

** 이 도서의 국립중앙도서관
출판시도서목록(CIP)은 e-CIP홈페이지
(http://www.nl.go.kr/ecip)와
국가자료공동목록시스템(http://
www.nl.go.kr/kolisnet)에서
이용하실 수 있습니다.
(CIP제어번호: CIP2011004916)